稻盛和夫给年轻人的 **忠告**

德 群 编著

前言 | PREFACE

稻盛和夫27岁创立京都陶瓷株式会社（京瓷），52岁创立第二电信株式会社（KDDI），他凭借自己一套独特的人生哲学和经营哲学，使这两家企业皆成为世界500强。他与松下幸之助、盛田昭夫、本田宗一郎并称为日本"经营四圣"，也是季羡林、马云、张瑞敏、俞敏洪、郎咸平等知名人士最为推崇的经营大家和人生导师。

很多年轻人或许会认为，稻盛和夫能取得如此大的人生成就，肯定有着非常优越的先天条件：要么得天独厚，天赋极高，非一般人所能及；要么运气极佳，常有贵人相助，想不成功都难；要么出身好，有着优越的创业环境。可事实是，以上所列诸项稻盛和夫一样都没有。

稻盛和夫出生在日本一个再普通不过的家庭。他谈不上太聪明，初中、高中、大学考试常常不及格。他上小学时染上肺结核，几近病死；高考时，没能如愿进入心仪的大学，只能入读本地学校；大学毕业后，怀着巨大的热情,想要在社会上闯出点名堂,却遭遇经济不景气,企业大幅减员,新人找工作难上加难。他原本想当个医生,却只能在一家陶瓷厂找到一份工作,而且还是在大学教授的推荐下好不容易进入的,更糟糕的是,他很快发现这家企业已濒临破产。稻盛和夫年轻时的境遇,如今的年轻人也时常能够碰到:进了一般的大学,进了一般的公司,普普通通,庸庸碌碌。这期间也有人想着振作起来,但最终还是随波逐流,坠入平庸的人生境地之中。

但不同的是,稻盛和夫没有让自己沉沦下去,他少年时代就坚信,只要付出不亚于任何人的努力,就一定可以有所作为,成就一番事业。他当时工作的陶瓷厂濒临倒闭发不出工资,员工士气低落,常常以罢工来宣泄。跟稻盛和夫一起去的4个大学生全辞职了,稻盛和夫却留下了。他吃住在实验室,不断地想,不断地去思考,一次又一次地在头脑中模拟推演,那些开始只出现在梦境里的东西逐渐清晰,最后梦境与现实的界限消失,难以想象的事情发生了:既无知识和技巧,又缺乏经验和设备的稻盛和夫,却做出了世界领先的发明,给快要倒闭的工厂带来了生机。

1959年,27岁的稻盛和夫创立京瓷公司,那时的他可以说是企业经营的门外汉,缺乏经营的谋略和经验。怎样做才能使公司经营顺利,当时他无计可施、束手无策。但他很快发现,一旦发疯地投入工作之中，对某个目标有强烈的渴望，就会在脑海里形成一个意象，身边的任何一个新发现都会坚定地指向那个意象，这时，神灵就会给你一把照亮前途的火炬，智慧之井就会向你洞开。稻盛和夫体悟到了超越现实的想象力和创造力产生的真实过程。他知道追求尽善尽美的态度，决定了一个人和一个公司的前景。

稻盛和夫的体悟，给了想成就一番事业的年轻人一个相当重要的启示：

当对一个目标有着强烈的持续的渴望时，苦苦思索体悟，就可能在事先"清晰地看见"那个崭新的结果。相反，如果事先没有清晰的意象，就不会有崭新的成果出现。

这是稻盛和夫在人生的各种经历中体验到的真实。稻盛和夫曾将此总结为一个成功方程式：

人生・工作的结果＝思考方式 × 热情 × 能力。

从这个等式出发，稻盛和夫认为一个人即使有能力而缺乏工作热情，也不会有好结果；自知缺乏能力，而能以燃烧的激情对待人生和工作，最终定能够取得比拥有先天资质的人更好的成果。改变思考方式，改变一个人的心智，人生和事业就会有180度大转弯；有能力，有热情，但是思考方式却犯了方向性错误，仅此一点就会得到相反的结果。那些聪明的、毕业于一流大学的学生，或有着资深背景的人，并不一定能取得大的人生成就。在他看来，这些通常让人们引以为傲的东西，恰恰是专注做事的障碍。

综观稻盛和夫的一生，经历了从拿不到工资的破落职员到创造两家世界500强企业的经营之圣的巨大跨度。稻盛和夫的人生进化论，值得我们每个渴望在人生中有所建树的人学习和借鉴。本书针对当下年轻人普遍具有的人生困惑，如生活意义、职业的选择、工作的态度、成功的依据、面对困苦时的应对方法、人格魅力的提升、心灵成长的过程以及人生存在的意义等，对稻盛和夫先生的人生哲学进行了全面总结和系统阐释，囊括了稻盛和夫对于工作、企业经营、个人立业、与他人相处的智慧，这些思想精髓为年轻人的成长提供了切实可行的方法。

目 录 | CONTENTS

|人|生|篇|

忠告 1　人生的目的在于追求美好心灵，外在的际遇都是磨砺

拼尽全力，活在当下这一刻 / 2

人生是为心的修行而设立的道场 / 4

好坏交替才是完整的人生轨迹 / 6

持有正面的思维方式就会有幸福的人生 / 8

人的价值由人的心灵决定 / 11

忠告 2　要想改变自己的现状，首先改变自己的心灵

如果你有善心，地狱也会变成天堂 / 15

人生就是每一个"今天"的累积 / 17

始终以"受教者"的姿态对待自己 / 19

真诚带来爱与和谐 / 22

修身养性的关键在于克己 / 26

地狱天堂之别在于人心 / 29

忠告3　把挫折和苦难看作磨炼自己成长的机会

年轻时的挫折和考验是磨炼自己的机会 / 32

逆境是重新审视自身再次起步的最佳时机 / 34

抛却妄念，锻炼灵魂才不枉此生 / 37

人生幸与不幸，都要努力不懈地活下去 / 39

苦难是淬炼心性最好的机会 / 42

不能浪费一去不复返的人生 / 45

忠告4　人生在世首要的是敬天爱人，以心思善

人的进步就是心境比降临人世之初时更美好 / 49

追求人间正道——单纯且强有力的信念 / 52

感谢今日，振作明日，此为"君子之心" / 55

敬天爱人，以心为本 / 58

以意志力除贪嗔痴 / 61

凭一颗纯粹而真挚的心便能打动人 / 63

奋斗使人生更多彩，人格更高尚 / 66

忠告 5　自我要小，心量要大，以一颗公心活在世上

以谦卑的心修炼自己，帮助别人 / 69
人人都有善行，才能走向美好的未来 / 71
世上没有一个东西是多余的 / 74
肉体的死去并不意味着个人真的死去 / 76
沉醉在无穷的欲望中才是人生中的大不幸 / 79
凡事都要先摆脱私心的缠绕 / 80

忠告 6　正视自己的缺点并加以改善，人生的意义就在于不断超越自我

人一旦傲慢必定遭人唾弃 / 84
承认自己有所欠缺，并从那里出发 / 87
最伟大的能力就是超越自我 / 90
人生的成败由我们自己掌控 / 92
抽一点时间让自己摇摆的心安静下来 / 94
靠争斗才能发展的观点已经过时 / 97

忠告 7　成功 = 能力 × 努力 × 态度

没有努力，再好的远见也是空想 / 101

清楚自己的缺点，并极力弥补 / 103

反省就是耕耘、整理心灵的庭院 / 106

态度是消极的，结果亦将为负 / 108

永怀乐观向上的心态 / 111

用心渴望的目标才可能达成 / 113

|职|业|篇|

忠告1　把工作当作实现人生价值的阶梯

正面思维等于持续的人格提升 / 118

以完美为目标就是无止境地追求内心的理想 / 122

付出不亚于任何人的努力 / 126

从知识到见识，从见识到胆识 / 130

能带来真正喜悦的是劳动 / 133

只图安逸，就是不负责任的倒退 / 135

忠告2　努力工作是成就充实人生不可或缺的要义

我们为什么要努力工作 / 138

工作是值得推崇的行为 / 141

劳动的意义重在完善人的内心 / 145

工作是"包治百病的良方" / 148

乍看是不幸,实际是幸事 / 152

认真且不遗余力地工作是我们做人的必要条件 / 154

忠告 3　绝不将就苟且,把完美作为工作的最高标准

完美主义不是更好,而是至高无上 / 159

成败往往取决于"最后 1% 的努力" / 163

不是向"最佳"看齐,而是向"完美"去追求 / 165

出色的工作产生于"完美主义" / 168

以完美为目标就是追求内心的理想 / 170

忠告 4　卓越是 99% 的汗水加 1% 的创新

坚持每一天都有新的创造 / 174

年轻时的苦难出钱也要买 / 177

持续的力量能将"平凡"变为"非凡" / 181

创造的世界没有标准,唯有找到指南针确定方向 / 183

成为"自燃型"的人 / 186

忠告 5　每天进步一点点,在平凡中不断突破

今天要比昨天更好,明天更要胜过今天 / 190

敢于走别人没走过的路 / 194

将创新导向成功的"正确的地图" / 197

即使是平凡简单的工作,只要不断创新,也会有飞跃性的进步 / 200

一方面是"埋头苦干"的决心,另一方面是"定能成功"的确信 / 203

忠告 6　工作就是一种修行,要从中悟出人生真理

为每次小小的成功而感动,并视为动力继续努力 / 207

工作场所就是修炼精神的最佳场所 / 209

觉得失败的时候,其实才刚刚开始 / 213

"田地里的劳作"也是耕耘内心的方式 / 216

越想逃避困难,越是招致灾祸 / 218

忠告 7　以最大的热情投入工作,才能有所成就

不热爱工作,就改变心态 / 222

与其寻找喜欢的工作,不如先喜欢上已有的工作 / 226

长期专注,愚钝者变为非凡人 / 229

想要获得伟大成就,就要爱上自己的工作 / 233

重新认识劳动与勤勉的价值 / 236

工作就是自己,自己就是工作 / 239

| 人 | 生 | 篇 |

忠告 1
人生的目的在于追求美好心灵，外在的际遇都是磨砺

拼尽全力，活在当下这一刻

做好眼前的事，才能创造出最有希望的生活和最有价值的人生。

所有的一切都发生于当下，过好每一天，才能找到真正的力量，发现通往幸福之路的入口，不会把握当下的人，即使有多宏伟的目标也只是夸夸其谈，如沙漠中的海市蜃楼，无法企及。

稻盛先生告诉我们，做好眼前的事，才能创造出最有希望的生活和最有价值的人生。持续过好内容充实的"今天"这一天——这个观点在京瓷的经营中无时无刻不体现出来。

稻盛和夫的京瓷公司创建至今，从来不作中长期经营计划。新闻记者们采访他的时候，经常提出想听一听他们的中长期经营计划。而当稻盛回答"我们从不设立长期的经营计划"时，他们便觉得不

可思议，露出疑惑的神情。

稻盛对此做出了解释：因为说自己能够预见到久远的将来，这种话基本上都会以"谎言"的结局而告终。他认为"多少年后销售额要达到多少，人员增加到多少，设备投资如何"这一类蓝图，不管你怎样着力地描绘，但事实上，超出预想的环境变化、意料之外事态的发生都不可避免地会出现。这时就不得不改变计划，或将计划数字向下调整。有时甚至要无奈地放弃整个计划。这样的计划变更如果频繁发生，不管你建立什么计划，员工们都会认为，"反正计划中途就得变更"，他们就会轻视计划，不把它当回事，结果就会降低员工的士气和工作热情。

同时，目标越是远大，为达此目的，就越需要持续付出不寻常的努力。但是，人们努力，再努力，如果仍然离终点很远很远，他们就难免泄气。"目标虽然没达成，能这样也就可以了，差不多就算了吧！"人们常常在中途就泄气了。从心理学的角度看，如果达到目标的过程太长，也就是说，设置的目标过于远大，往往在中途就会遭遇挫折。与其中途就要作废，不如一开始就不要建立。

自京瓷创业以来，稻盛和夫只用心于建立一年的年度经营计划。3年、5年之后的事情，谁也无法准确预测，但是这一年的情况，他基本都能大致看清楚，不至于太离谱。只要做好这一年的年度经营计划中每个月、每一天的工作，成功也就离你不远了。

在稻盛先生的经验中，做年度计划，就要细化成每个月，甚至每一天的具体目标，然后千方百计努力达成，活在当下这一刻、过好这一刻，无论是对我们的事业还是日常生活都有很重要的意义。

清晨，当我们睁开眼睛的时候，深吸一口新鲜空气，抱着这样一种心态：今天一天努力干吧，以今天一天的勤奋就一定能看清明天；这个月努力干吧，以这一个月的勤奋就一定能看清下个月；今年一年努力干吧，以今年一年的勤奋就一定能看清明年。

就这样，每天在"拼尽全力，活在当下这一刻"的自我暗示和勉励下，一瞬间都会过得非常充实，就像跨过一座座小山。小小的成就连绵不断地积累、无限地持续，这样，乍看宏大高远的目标就一定能实现，正如荀子在《劝学》中所说"不积跬步，无以至千里，不积小流，无以成江海"。

"拼尽全力，活在当下这一刻"在稻盛和夫的人生理念中，就是最确实的取胜之道。

人生是为心的修行而设立的道场

> 人生是为心的修行而设立的道场。人生的目的就是在灾难和幸运的考验中磨炼自己的心志、磨炼灵魂，造就一颗美丽的心灵。

生活中，我们无休止地追求金钱、地位、名誉，乐此不疲。此外，盼望出人头地，也是人生的动力之一，这当然不应一律加以否定。但是在我们拼命追逐这些东西的时候，也时常会向自己提出这样的疑问：

"人类活着的意义、人生的目的到底是什么？"

对于这个最根本的疑问，稻盛和夫做出了直接回答，那就是提高心智，修炼灵魂。

稻盛先生认为，人生是为心的修行而设立的道场。人生的目的就是在灾难和幸运的考验中磨炼自己的心志、磨炼灵魂，造就一颗美丽的心灵。他认为人之所以来到这个世上，是为了比出生时更为进步，或者说是为了带着更美一点、更崇高一点的灵魂死去。

人生在世苦难多，正是这样的苦难，才是对修炼灵魂的一种考验，也是锻炼自我人性的绝对机会。所谓今生，是一个为了提高身心修养而得到的期限，是为了修炼灵魂而得到的场所。在稻盛先生的人生经历中，除了取得事业上的巨大成功，他一直践行着"提高身心修养，磨炼灵魂"。

稻盛和夫在42年的商业人生中，缔造了京瓷和第二电信两个世界500强公司。稻盛留给世界的财富，除了是在追求全体员工物质和精神两方面幸福的同时，更要为人类社会的进步和发展做出贡献。

京瓷尽量让员工持有股份，这是因为稻盛不单单把员工当作劳动者，更是把他们视为同志和合作伙伴。1984年，稻盛把自己17亿日元的股份赠予1.2万名员工。稻盛的做法十分罕见。与美国梦大相径庭，稻盛和夫的想法和做法，纯粹是一个"日本梦"，让满怀理想、振兴企业的人有了一个新的坐标。

在1985年，稻盛和夫投入他所持京瓷公司的股票和现金等个人财产200亿日元成立稻盛财团，创设了"京都奖"。每年在全球挑选出在尖端技术、基础科学、思想艺术等各个领域取得优异成绩、做出杰出贡献的人士进行表彰，颂扬他们的功绩。

1997年，65岁的稻盛和夫身患胃癌，匆忙做完手术的两个月后，宣布退居二线，只担任名誉会长，并正式皈依佛门。自皈依佛门后，稻盛和夫将大部分时间用于慈善事业和到世界各地演讲。

稻盛先生有着"奉献于社会、奉献于人类的工作是一个人最崇高的行为"的个人信念，他不仅在事业上取得了巨大的成功，而且在这个过程中也磨炼了自己高尚的灵魂和崇高的人格，受到人们的尊敬。

无论一个人创造了多少物质财富，它们都只限于今生，即使积攒再多也带不到来世去。今生之物只限今生。如果说今生之物中有一样永不灭绝的东西，那就是"灵魂"，正如稻盛和夫所说："人生是为心的修行而设立的道场"，只有属于灵魂的才是永远的。

好坏交替才是完整的人生轨迹

好坏交替才是完整的人生轨迹。人生的道路布满了荆棘，同时有快乐的时光，有让我们感到幸福与成功的时刻，关键是保持正面的看法，用毫不动摇的决心，努力去面对人生中的失败与成功。

人生难免有挫折，我们总会抱怨人生事事都不如自己所愿，有的时候，会感觉怀才不遇，施展不开；有的时候会感觉不受重视，所有的努力，做出的成果，不受肯定，无人欣赏。挫折，确实是人生中不可避免的，关键是我们如何对待这些困难，俗话说，上帝为你关上一扇门，他一定会为你打开一扇窗。

在稻盛先生看来，好坏交替才是完整的人生轨迹。人生的道路既布满了荆棘，同时有快乐的时光，有让我们感到幸福与成功的时刻，关键是保持正面的看法，用毫不动摇的决心，努力去面对人生中的失败与成功。

这是发生在稻盛年轻时的事，当时的他在事业上一路碰壁，十分无助。

稻盛年轻的时候一直运气不好，做什么都不顺利。但他相信上苍一定会一视同仁，23岁以前，他遭遇过许多不幸，后来，大学的竹下老师给稻盛和夫介绍了京都的"松风工业公司"——一家制造输电用绝缘瓷瓶的企业。竹下先生说："在那里，我有熟人，已同意录用你，你看怎样？"他当即低头表示感谢："那就拜托您了。"心里说不出的高兴。

但是，瓷瓶与陶瓷都属于无机化学的领域，和稻盛的专业有机化学不对口。这家公司需要研究陶瓷的毕业生，于是他就急忙找了一位无机化学的教授，以鹿儿岛这个地方出产的一种优质黏土为对象，进行了为期半年的研究，作为研究成果，写了一篇毕业论文。

决定去就职的"松风工业"，是日本第一家制造耐高压绝缘瓷瓶的企业，过去曾经风光一时。听说是京都的"名门企业"，而且是制造瓷瓶的有实力的公司，他父母便放心了。

稻盛带着手头仅有的一点钱，从鹿儿岛来到京都，进入"松风工业公司"。但他很快发现这家公司的经营状况非常严峻，等候发薪的一个月内，凑合着好歹熬过去了，但到发薪日，公司却告之说："发工资的钱还没准备好，请大家再等一个星期。"无奈等了一个星期，公司又说还要再等一个星期——公司的资金周转十分困难。

带着父母兄弟的鼓励和期望，好不容易来到京都，稻盛和夫想不到自己职业生涯的开始竟如此寒酸、如此狼狈。

稻盛先生的前半生，正如故事中所展现的那样，可以说是挫折连连，真是干什么都不如意。但是后来回头看，他意识到，这种种挫折乃是上苍为提升自己而特意赐予的磨炼和考验，人的能力正是在这种磨炼和考验中才能得到无限伸展。

在事业上屡屡受挫,困难重重的时候,稻盛先生并没有气馁,而是用正确的态度对待考验,最终迎来了成功。稻盛先生的经历给我们的启示是:即使是在最难熬的逆境中,也要永远保持快乐的心情、积极的态度,并充满热诚。要拥有开阔的心胸、时时不忘实现自己的目标。不要因为接踵而来的挑战,就朝负面的方向想,变得悲观而愤世嫉俗,把所有的疑虑、负面的想法从心中根除,请牢记稻盛和夫的话:"好坏交替才是完整的人生轨迹。"

持有正面的思维方式就会有幸福的人生

人生和事业的成功需要保持正确的思维方式,充满热情,提升能力,持有正面的思维方式显得极其重要,因为有了正面的思维方式,才会有幸福的人生。

在一个晴朗的夜晚,两个人被关在同一间监狱里,他们同时向窗外望去。快乐的人抬起头:啊,好美的星空,我出去后一定要好好享受这样的美景;苦恼的人却低下头:怎么又是黑漆漆的泥土!

对于这个故事,我们一定不会陌生。但是生活中的你,是一个快乐的人还是苦恼的人呢?

不同的人在同样的环境中对待同样的事物,却有着截然相反的想法,这是他们对待事物的态度和思维方式不同造成的差异。

思维方式对人们的言行有决定性的作用,正面思维有利于我们处理任何事情时都以积极、主动、乐观的态度去思考和行动,促使事物朝有利于自己的方向转化。它使人在逆境中更加坚强，在顺境中脱颖而出，变不利为有利，从优秀到卓越。

稻盛先生在北京大学的演讲"经营为什么需要哲学"中提出：人生和事业的成功需要保持正确的思维方式，充满热情，提升能力，持有正面的思维方式显得极其重要，因为有了正面的思维方式，才会有幸福的人生。

一切文明成果都是正面思维的结果，正面思维的本质就是发挥人的主观能动性，挖掘潜力，体现人的创造性和价值，它帮助人们从认知上改变命运，每个人都应该学会用正面思维来管理自己。

稻盛先生向我们列举了许多正面思维方式的表现，如积极向上、具有建设性；善于与人合作，有协调性；性格开朗，对事物持肯定态度；充满善意；能同情他人、宽厚待人；诚实、正直；谦虚谨慎；勤奋努力；不自私，戒贪欲；有感恩心，懂得知足；能克制自己的欲望，等等。

稻盛先生指出，人生很多的失败，往往是因为"思维方式"变成负值，这类负面的"思维方式"如果不改正，不管你有多少财富，你都不可能有幸福的人生。要度过幸福的人生，要把工作做到最好、事业做到最大，就无论如何都必须具备正确的、正面的"思维方式"。

看看下面这个关于思维的寓言故事。

为了改变一个乞丐的命运，上帝化作一个老人前来点化他。

上帝问乞丐："假如我给你1000元钱，你将如何用它？"乞丐马上回答说拿到钱，马上买个手机。上帝很纳闷，问为什么。乞丐说"我可以用手机同城市的各个地区联系，哪里人多，我就可以到哪里去乞讨。"

听了乞丐的回答，上帝很失望，但他没有死心，而是继续问道："那么，如果给你 10 万元钱，你想做什么？"乞丐这回更高兴了，他说："那我可以买一辆车，这样我以后出去乞讨就方便多了，再远的地方也可以很快赶到。"

上帝这次狠了狠心，说："给你 1000 万元钱呢？"乞丐听罢，眼里闪着光亮说："太好了，我可以把这个城市最繁华的地区全买来。"上帝听完很高兴，以为这个乞丐突然间开窍了，没想到乞丐说了这么一句："到那时，我就把我领地里的其他乞丐全部撵走，不让他们抢我的饭碗。"上帝无奈地走了。

故事中的乞丐，面对机遇，始终改变不了一个乞丐的思维，他想到的只是如何更好地为行乞创造条件，却没有想过抓住这个机遇，通过自己的努力来改变不再行乞的命运，而想不到有了钱还用行乞吗？这注定他无法改变行乞的命运。故事向我们说明了一个道理：思维决定人生。

思维的正与负是人生成与败的分水岭。有了正面思维，负面思维就没有了立足之地。正面思维是负面思维的天敌，克制负面思维，用正面思维来置换负面思维，是事业成功和自我实现的唯一途径。

正面思维是人生路上的一盏指航灯，在这个过程中秉持积极向上，具有建设性，善于与人合作，有协调性，性格开朗，对事物持肯定态度的思维，正面面对自己的工作，把工作做得更出色，正面面对自己的生活，把日子过得更充实。如果能做到这些，我们的人生无论是轰轰烈烈还是平平淡淡，一定会硕果累累，一定会幸福美满。

人的价值由人的心灵决定

人生的意义在于修炼灵魂，首先要有纯洁美丽的心灵，这是思考人生要具备的，拥有什么样的心灵，就会选择什么样的人生，实现什么样的人生价值。

著名作家萧楚女认为："人生应该如蜡烛一样，从顶燃到底，一直都是光明的。"

文学家列夫·托尔斯泰说："人生的价值，并不是用时间，而是用深度去衡量的。"

科学家爱因斯坦认为："人只有献身于社会，才能找出那短暂而有风险的生命的意义。"

人生，是一个人生存、生活在世界的时间岁月。要在这段短暂而漫长的岁月里，有追求、有渴望、有奋进、有奉献、有坎坷、有失落，它伴随着你的人生，无论是阳光下，还是风雨中，都镌刻着人生的历程，体现着人生的价值。不同的选择构成不同的人生，不同的人生，形成了不同的价值。人的荣誉多少不是衡量人生价值的标准，人生的价值应该由人的心灵决定。

稻盛先生认为，人生的意义在于修炼灵魂，首先要有纯洁美丽的心灵，这是思考人生要具备的，拥有什么样的心灵，就会选择什么样的人生，实现什么样的人生价值。

被评为 2007 年感动中国的十大人物的陈晓兰，用一颗医者的心向我们谱写了一个关于人生价值的感人故事。

1997年，当时是上海市虹口区广中医院理疗科医生的陈晓兰，偶然发现本院在使用一种叫作"光量子氧透射液体治疗仪"的医疗器械。医院鼓励医生使用这种仪器进行所谓的"激光针"疗法，每次收费40元，每开给病人一次，医生都有大约7元的提成。该仪器说明书称，以输液用葡萄糖或生理盐水为载体，经紫外线照射、高压充氧后输入人体，能提高血氧饱和度和机体免疫力。

但陈晓兰发现，没有人回答"药物在经过充氧和光照之后，药性是否会产生变化，以及这种变化是否会造成危害"这类问题。在医院，这种"激光针"被大部分医生宣传为"神仙机器"，而病人也对此深信不疑，因而每天有很多人排队在那里打针。而陈晓兰发现，多数打过针的病人没有留下病史记录，这意味着无法证实这种针是否会对人体造成潜在危害。

不久，她又发现与这种治疗仪配套使用的"一次性石英玻璃输液器"生产许可证编号、产品登记号等都是假的。1998年，在陈晓兰多次举报之后，上海市有关部门宣布取消了这种疗法。

在那之后，由于陈晓兰坚持不懈地举报而被查处的假劣医疗器械和治疗方法包括光量子氧透射液体治疗仪、石英玻璃输液器、鼻激光头、光纤针、半导体假冒的氦氖激光血管内照射治疗仪、血管内激光和药物同步治疗、伤骨愈膜和静输氧。

在她9年不懈的艰辛举报生涯中，陈晓兰两次无奈地使自己成为受害者。不惜以身试针获取假劣医疗器械证据。1998年，经她不断反映，她原来所在的上海市虹口区广中医院被有关部门勒令停止使用"激光针"，但上海还有很多医院照用不误。

"他们还告诉我，只有受害者才可以去投诉，我既不是受害者，也不是该医院的职工，根本就没资格投诉。"陈晓兰说，为了打击层出不穷的假冒伪劣医疗器械，她决定自己先成为受害者。

此后，陈晓兰一连在上海的四家医院打了四次"激光针"。在这个特殊"患者"努力下，1999年4月15日，上海市卫生局会同医保局、药监局做出了禁止使用"光量子仪"和石英玻璃输液器的决定。

她很快证实，这种光纤头注册证是盗自其他产品。她又通过全国人大代表向上海市主管卫生工作的副市长写信反映，使这种光纤头在2002年年初被药品监管部门取缔，部分经营和使用单位受到处罚。

10年来，陈晓兰举报的8种假劣医疗器械被证实、被查处。在这10年中，有人把陈晓兰当作英雄，也有人把她称为"叛徒"。10年打假，陈晓兰花光了自己的积蓄，搭上了自己的健康，甚至被人污蔑为"精神有问题"，原本平静的生活更是坎坷不断。

陈晓兰言行如一，她按自己内心的想法做事，维护的是公共利益。她被一些奸商列入"黑名单"，她是无良商人的眼中钉、肉中刺；她让一些官员咬牙切齿，因为她敲碎了某些官员的利益和脸面。于是她的人身安全常常受到威胁，但陈晓兰无怨无悔，矢志于打假。究其因，诚如她常说的一句话："我是医生，我在和生命打交道！我要对得起自己的良心！"

作为一个医生，她有一颗美丽的心灵，曾经艰难险阻，她十年不辍，既然身穿白衣，就要对生命负责，在这个神圣的岗位上，她认为良心远比技巧重要得多。她是一位医生，治疗疾病，也让这个行业更纯洁，虽然在这条路上，她走得很艰难，但是她的人生也因此而熠熠生辉，在这个过程中也使自己的人生更有价值。

稻盛先生认为，展现人生的价值，必须用高尚的品格和美丽的心灵造就光彩的人生。力图使自己活泼而不轻浮，严肃而不冷淡，自信而不骄傲，虚心而不盲从。成功时学会深思，受挫折时保持镇定，在追求人生价值中怀着一颗美丽的心，在奉献中实现人生价值。只有这样才能行进在人生的旅途上，经风不折，遇霜不败，逢雨更娇，历雪更艳。正如稻盛先生所说：人的价值由人的心灵决定，用美丽的心灵浇灌出一朵绚丽的人生之花。

忠告 2
要想改变自己的现状，首先改变自己的心灵

如果你有善心，地狱也会变成天堂

心存"奉献于社会，奉献于人类"的精神，怀着一颗善心对待人和事，心态不同，同样的事情就会有截然不同的结果。

中国有句古话，叫作"积善之家有余庆"，意思是多行善、多做好事就会有好报。不仅当事人，就连家人、亲戚也有好报。一人行善，惠及全家以至亲朋好友。

在日常生活中，人们总是习惯于依据自己的得失、胜负而采取行动，就是说被利己心所左右，只为自己个人考虑。在稻盛先生看来，以亲切、同情、和善、慈悲之心去待人接物至关重要，多做好事就能使命运朝着好的方向转变，使自己的工作朝着好的方向转变，做人做事首先

考虑的不是自己利益而是他人利益，即使有时做出自我牺牲也要为他人尽力。因为这种行为，一定会给你带来莫大的幸运。

40多年前稻盛先生创立的京瓷公司还是一个中小企业，在欢迎新员工的典礼上，他引用圆福寺的长老们曾经给他讲述的一个故事，阐述了这种利他之心的重要性。

在某个寺院，一位在寺院修行的行脚僧向寺院的长老请教："听说在那个世界有地狱和天堂，地狱到底是什么样的地方呢？"长老回答说："在那个世界确实既有地狱也有天堂。但是，两者并没有太大的差异，表面上是完全相同的两个地方，唯一不同的是那儿的人们的心。"

长老看了看这个年轻的行脚僧，语重心长地继续讲道："地狱和天堂里各有一个相同的锅，锅里煮着鲜美的面条。但是，吃面条很辛苦，因为只能使用长度为一米的筷子。住在地狱的人，大家争先恐后想先吃，抢着把筷子放到锅里夹面条。但筷子太长，面条不能送到嘴里去，最后抢夺他人夹的面条，一幅你争我夺的惨烈画面就出现了，大家你争我夺，面条四处飞溅，谁也吃不到自己跟前的面条。美味可口的面条就在眼前，然而每一个都因饥饿而衰。这就是地狱里的情景。

与此相反，在天堂，同样外部的条件下情况却大相径庭：任何人一旦用自己的长筷夹住面条，就往锅对面人的嘴里送，'你先请'，让对方先吃。这样，吃过的人说'谢谢，下面轮到你吃了'作为感谢和回赠，帮对方夹取面条。所以，天堂里的所有人都能从容吃到面条，同时心里也感觉到一股暖意，每个人都心满意足，出现的是一片和谐、融洽的光景。"

即使居住在相同的世界里，对他人是否热情、关心就决定那里是天堂还是地狱，天堂和地狱的区别在于"善心"。这就是这个小故事想要告诉世人的道理。

在经营企业的过程中，稻盛先生努力实践着"利他"这个基本原则，心存"奉献于社会，奉献于人类"的精神，怀着一颗善心对待人和事，心态不同，同样的事情就会有截然不同的结果。在这种理念的指导下，稻盛先生缔造了巨大成就，成为一大传奇人物。

"为了让人生更幸福，为了让经营更出色，希望大家多行善事，多做对他人有益的事"。这是稻盛和夫对我们的期许，就像这个故事中的天堂一样，依善而行，我们就可以构筑起一个极其美好的世界。

人生就是每一个"今天"的累积

持续就是力量，抓紧"今天"这一天，认真地过日子。假如每天都努力工作，并设法改善一些事情，或许就能预见明日的光景。一天天累积起来的就已非常可观，5年、10年后的成就必然会辉煌。

人们常说："成功，就是每天进步一点点。"然而实际情况是，我们会经常忽略这样的积累过程：当下这一秒累积起来成为一天，而一天一天下来会累积成一个星期、一个月、一年。蓦然回首时，不知不觉已站在高不可攀、伸手也无法企及的山顶上。

在激烈的竞争中，就算你想在短时间内克敌制胜，也别忘了明天不可能跨越今天而直接到来，别妄想一步登天，行走千里也得从跨出第一步开始，无论多么远大的梦想，也要靠一步接着一步、一天一天的累积，才可能成就。

稻盛先生指出：持续就是力量，抓紧"今天"这一天，认真地过日子。假如每天都努力工作，并设法改善一些事情，或许就能预见明日的光景。一天天累积起来的就已非常可观，5年、10年后的成就必然会辉煌。

专心致志于一行一业，不腻烦、不焦躁，埋头苦干，你的人生就会开出美丽的花，结出丰硕的果实。下面这件稻盛先生亲历的事充分说明了这个道理。

多年以前，在京瓷滋贺县的工厂里有一个工人，他初中学历，但做事认真，踏实。只要是上司布置的工作，他日复一日，不厌其烦地认真完成。在工厂里他毫不显眼，一直默默无闻，从无牢骚，也从无怨言，兢兢业业，孜孜不倦，努力地做好每天的工作，持续从事着单纯而枯燥的工作。

20年后，当稻盛和夫与这个工人再次见面时，稻盛大吃一惊，那么默默无闻、只是踏踏实实从事单纯枯燥工作的人，居然当上了事业部长。令稻盛惊奇的不仅是他的职位，而且言谈中可以体会到，他已经是一个颇有人格魅力、很有见识的优秀的领导。

"取得今天这样的成就，你很棒！"稻盛和夫由衷地赞赏他。

作为一名企业经营者，稻盛和夫聘用过各种各样的人才，其中不乏"聪明伶俐"的人。这种人头脑敏捷，对工作要点领会很快，是所谓"才华横溢"的人物。同时，他的公司也招聘了一些"笨人"，他们反应迟钝，理解事情缓慢，可取之处只是忠厚老实，起初稻盛认为经营者看重、赏识的人才当然是前者而不是后者。如果企业不得已要辞退职工，首先遭殃的肯定是后者而不会是前者。他曾认为,前者当中特别能干的人,"将来在公司里可以委以重任"。现实情况却恰恰相反,在多年的商路历程中,他体会到,那些头脑灵活、思维敏捷的人才,正因为他们聪明,成长很快,或许就会认为眼前的工作太平凡,待在公司里大材小用了,于是不久就会辞职离去。所以,最终留在公司里的、有用的,恰是那些最初不被看好,这些"头脑迟钝"的人们,他们做起事来不知疲倦,孜孜以求,10年、20年、30年,像尺蠖虫一样一寸一寸地前进,刻苦勤奋、一心一意,愚直地、诚实地、认真地、专业地努力工作。稻盛和夫为自己曾经的"短见"感到羞愧。

这位工人之所以能成功,是因为他懂得持续的力量,能将"平凡"变为"非凡",在每一天的积累的基础上,逐步走上了成功之路。

所谓人生,归根到底,就是"一瞬间、一瞬间持续的积累"。每一秒钟的积累成为今天这一天;每一天的积累成为一周、一月、一年,乃至人的一生,细数那些成功人士的成功经历,他们的"伟大的事业"也是"朴实、枯燥工作"的积累,他们创造出的让人惊奇的伟业,实际上,几乎都是极为普通的人兢兢业业、一步一步持续积累的结果。

因此,与其为明天而烦躁,时时刻刻计划未来,不如把力量放在充实每一个今天,把握每一天,过好每一天,这才是让梦想成真的最佳方法。

始终以"受教者"的姿态对待自己

一个人不管有多忙,不管在何处,还是应该从有限的时间中挤出一点来读一本好书,并因此有所领悟。当然,生命里最宝贵的一课,还是从经验中学习得来的。

稻盛先生是一个热爱学习的人,他认为阅读不只是为了得到乐趣,而是应该凭借阅读来提升、完善自己,该养成找好书、认真地从中汲取精华的习惯。稻盛先生总是在下班后腾出一定的时间来读书,或是为客户朗读一段精彩的文字,即使是在夜半时分也沿袭着这一习惯。稻盛在卧室里摆放着许多自己收藏的古典文学和哲学书籍,他甚至在洗澡时也读书。每逢周末,他最大的爱好就是读书。

他经常对身边的人说,一个人不管有多忙,不管在何处,还是应该从有限的时间中挤出一点来读一本好书,并因此有所领悟。当然,生命里最宝贵的一课,还是从经验中学习得来的。"纸上得来终觉浅,绝知此事要躬行"。但是,通过阅读,可使这些经验更有意义。此外,书本可以给予我们精神上的"激发",告诉我们那些没有机会亲身经历的体验。

一个人无论取得了多大的成就,都应该以"受教者"的姿态对自己,每个人学到的知识都是有限的,通过自身的经验和学习得来的他人经验,可使我们建立起引领人生走向成功的精神架构。这是稻盛和夫先生用行动告诉我们的道理。

一个博士生以优秀的成绩毕业后被分到一家研究所,并且成为同事中学历最高的一个人。

有一天他到单位后面的小池塘去钓鱼,正好正、副所长在他的一左一右,也在钓鱼,他只是微微对他们点了点头,觉得和这两个本科生没什么可聊的，而且还有失自己博士生的身份。

不一会儿，正所长放下钓竿，伸伸懒腰，蹭蹭蹭从水面上如飞地走到对面上厕所。博士眼睛瞪得快掉下来，水上漂？不会吧，怎么可能？这可是一个池塘啊，但是正所长上完厕所回来的时候，同样也是蹭蹭蹭地从水上漂回来了。

怎么回事？博士心里十分纳闷，但又怕丢面子，没有开口。

过了一阵，副所长也站起来，走几步，蹭蹭蹭地飘过水面上厕所，这下子博士更是差点昏倒，心想：不会吧，到了一个江湖高手集中的地方？

博士生也想上厕所了，但是这个池塘两边有围墙，要到对面厕所非得绕十分钟的路，而回单位上又太远，怎么办？博士生也不愿意去问两位所长，憋了半天后，也起身往水里跨，我就不信本科生能过的水面，我这个博士生就不能过吗？

只听到咚的一声，博士栽到水里去了，两位所长把他拉了出来，博士生不甘心地问道："为什么你们可以走过去呢？"两位所长相视一笑："这池塘里有两排木桩子，由于这两天下雨涨水正好在水面下，我们都知道这木桩的位置，所以可以踩着桩子过去，你怎么也不问一声呢？"

这则小故事告诉我们：一个人学到的知识是有限的，在生活中应该学会不耻下问，尊重别人的经验，善于向他人学习，才能少走弯路，自满自大的人总有一天会吃亏的。

子曰："敏而好学，不耻下问。""问"是作为一个为学者首要具备的，我们要勤学好问，每个人都不是完人，每个人都会遇到或多或少的问题，这时，我们应该以"受教者"的心态虚心请教。"三人行，必有我师焉。"我们不懂的问题，他人总会有人能够解决的。

在科学技术迅猛发展的信息时代，知识更新越来越快。一个人用十几年所学习的知识，会很快过时。生活在这个时代的我们如果不再学习更新，马上就进入所谓的"知识半衰期"。据统计，当今世界90%的知识是近30年产生的，知识半衰期只有5～7年。人才学上的"蓄电池理论"告诉我们，一块高能电池的蓄电量是有限的。只有不断地进行周期性充电，才能可持续地释放能量。那种一次性"充电"即可受用终生的时代，已成为历史。因此，对每一个人来说，学习是永远没有止境的。我们一定要坚持不断地为自己"充电"。

"书山有路勤为径，学海无涯苦作舟"，人生是一座高峰，在我们一步一个脚印地往前攀登的过程中，在我们披荆斩棘，于困难中疲乏无力的时候，学习，就像一股清泉注入我们心中，在之后的路上我们的脚步将会更加坚定。请牢记稻盛先生的话：始终以"受教者"的姿态对待自己。你的人生将是另外一片天地！

真诚带来爱与和谐

你的存在，就是我之所以存在的原因。这么想才能得到和谐与平和。

稻盛先生在一次演讲中曾说过一句发人深省的话："你的存在，就是我之所以存在的原因。这么想才能得到和谐与平和。"这是他对真诚的理解。

稻盛先生强调，真诚是一切关系的基础。只有拥有真诚的心才能得到幸福和成功。

什么是真诚？真诚的关怀，温暖芳香；真诚的赞扬，催人向上；真诚的交流，获取信任；真诚的合作，赢得成功……真诚是春风，它拂去了心灵的微尘；真诚是雨露，滋润着友谊的花朵。真诚给我们希望，给我们力量，真诚不是智慧却常常放射出比智慧更诱人的光芒。

在美国南北战争期间，有位年轻人找到林肯，要求他开一张去南方的通行证。林肯说："战争正在进行，你去南方干什么呢？"

年轻人说："去探亲。"

"那你一定是个北方派，你去劝说一下你的亲友们，让他们放下武器。"林肯高兴地说。

那年轻人说："不！我是个南方派，我要去鼓励他们，要他们坚持到底。"

林肯很不高兴："年轻人你来找我干什么？你以为我能给你通行证吗？"

年轻人沉着地说："总统先生，我在学校读书时，老师就给我们讲诚实的林肯的故事，从此，我便下定决心要学习林肯，一辈子不说谎。我不能为了一张通行证而改变自己说话做事都要诚实的习惯。"

林肯被年轻人真诚的话语打动了："好吧，我给你开一张。"说着，在一张卡片上写下了这样一行字："请让这位年轻人通行，因为他是一位信得过的人。"

这位年轻人用他的真诚打动了林肯，人生的道路上会有许多波折，然而真诚最终总能穿过重重障碍，直到理想的彼岸，因为它首先穿过的，就是人们的心灵。

为人处世不仅需要一定的技巧，更要付出真诚，因为真诚是一把金钥匙，能为你打开一扇扇成功之门。

李嘉诚曾经说过："可以毫不夸张地说，个人企业就像一个大家庭，每一个员工都是家庭的一分子。就凭他们对整个家庭的巨大贡献，他们也实在应该取其所得，所以说，是员工养活了整个公司，公司应该多谢他们才对……对我自己来说，股东相信我，我能为股东赚钱则是应该的。我一向这样想：虽然老板受到的压力较大，但是做老板所赚的，已经多过员工很多，所以我事事总不忘提醒自己，要多为员工考虑，让他们得到应得的利益。"

在工作中，如果管理者能够真心诚意对待员工，一定会激发下属的无限潜能；反之，员工可能会给你制造一些麻烦。在实际工作中，管理者对待员工最重要的是真诚地关心下属，要设身处地为他们着想。

这是一个发生在英国的真实故事。

有位孤独的老人，既没有子女又体弱多病，他决定搬到养老院去。老人宣布出售他豪华的别墅。购买者闻讯蜂拥而至。别墅底价8万英镑，但人们很快就将它炒到了10万英镑，而且价钱还在不断攀升。

老人静静地坐在沙发上，满目忧郁。是的，要不是孤苦伶仃，疾病缠身，他是不会将这栋陪他度过大半生的住宅卖掉的。一个衣着朴素的青年人来到老人跟前，低声说："先生，我好想买这栋住宅，可我只有1万英镑。""但是，它的底价就是8万英镑啊，"老人淡淡地说，"现在它已经升到10万英镑了。"青年并不沮丧，诚恳地说："先生，如果你把住宅卖给我，我保证会让你依旧生活在这里。和我一起喝茶、读报、散步，天天都快快乐乐的——相信我，我会用我的整颗心来时时关爱你。"

老人面带微笑聆听着。突然，老人站起来，挥手示意人们安静下来："朋友们，这栋住宅的新主人已经产生了。"老人拍着身旁这位青年人的肩膀说道，"就是这个小伙子！"

青年令人不可思议地买下了别墅，成了别墅的主人。

与人交往若是离开了真诚，就没有友谊可言，一个真诚的心声，才能唤起一大群真诚人的共鸣。我们待人接物时应秉持真诚的品性。只有这样，心灵才会美好，才会愉快地生活每一天。

一个人如果有了真诚，就会变得心灵善良，变得心胸宽阔，变得心底坦荡；用真诚来对待一切，同时会获得真诚的收获。

在拥挤的公共汽车上，经常可以听到这样的对话："哎，真对不起！踩着您了！""没关系，没关系！"被踩着了是常有的事，有时还挺疼，但这不要紧，因为有那句悦耳的"对不起"。也许这是一句很轻很轻的话语，可分量却是沉甸甸的，你会感到对方发自内心的真正歉意和诚挚的问候，心里仅存的怨气便宛如云烟散去。有人说，人与人之间的真诚好说难觅，其实只要你用心，真诚也不难寻找：忙碌中送上一杯清水，遇见时主动一个微笑便可换来另一杯清水和另一个真诚的笑容；真诚也在和朋友们相处的日子里。一个眼神、一个微笑，甚至是一张小小的字条，都可以让人无比欣喜，因为那里面包含了太多的坦诚与希望。

正如那句名言所说"如果你心灵不美，你就看不见美好的事物"。如果你不主动付出真诚又如何能期待着他人真诚地向你付出呢？

修身养性的关键在于克己

"修身,齐家,治国,平天下",这是儒家所奉行的人生之道,也是我们现代人所追求的境界。当我们迈出脚步的时候,需要征服一座山,那就是我们自己。

古人有云:"人能克己身无患,事不欺心睡自安。"

金无足赤,人无完人。人性中有很多弱点,好吃懒做、自私自利、贪婪无度、骄傲自满……在漫长的一生中,正如稻盛和夫先生所说的那样,一个人的最大成就就是使自己的心性较出生之时变得更加美好。这也是生命的任务。

稻盛先生曾指出:"修身,齐家,治国,平天下",这是儒家所奉行的人生之道,也是我们现代人所追求的境界。当我们迈出脚步的时候,需要征服一座山,那就是我们自己。

征服自己是最重要的。第一位成功征服珠穆朗玛峰的新西兰人埃德蒙·希拉里对此体会深刻。"如果不能很好地掌握自己,你将没有机会把所有潜能发挥出来,你也就很难改变你的人生。"在他之前,那么多勇敢的登山者都失败了,但是,希拉里成功了。在被问起是如何征服这座世界最高峰时,希拉里回答道:"我真正征服的不是一座山,而是我自己。"这种优秀的品质就叫作意志力、自制力或克己自律。

雪崩、脱水、体温降低,以及8000米高峰上的缺氧,加上生理和心理上的极度疲劳,在希拉里通往这座世界最高峰的路上障碍重重,但是，在这个艰难的过程中，他克服了外部的艰苦环境，同时克服了自己心里的恐慌、怯懦、想要退缩的心理，在经过一番挣扎之后，他选择了坚持。实际上，他在完成这件很难做到的事情时，在"磨炼法则"的作用下，也开发出自己更强的意志力、自制力等。

克己，是自制力的一种表现，自制不仅仅是在物质上克制欲望，对于一个想要取得成功的人来说，精神上的自制力也是很重要的。

如果你今天计划做某件事，但早上起床后，因昨晚休息得太晚而困倦，你是否义无反顾地披衣下床？如果你要远行，但身体乏力，你是否要停止旅行的计划？如果你正在做的一件事遇到了极大的、难以克服的困难，你是继续做呢，还是停下来等等看？

像这样的问题，若在纸面上回答，答案一目了然，但若放在现实中，你身在其中，自己问自己，恐怕也就不会觉得很容易了。

中华传统文化非常强调修身，并强调"一是皆以修身为本"。提高自身价值要通过修身，修身才能使人超越原生状态而进入自觉追求崇高的境界。修身离不开克己。克己并不是叫人一味逆来顺受、忍让退避。要知道一切进德修业的积极行为都免不了要克服自己身上的弱点。

生活在社会中，为了更好地适应社会，取得事业上的成功，我们有必要控制自己的情绪情感，理智地、客观地处理问题。感情是可贵的，但不能感情用事。如果说感情能骤然爆发出事业成功的力量，那么理智则是通向事业成功的桥梁。感情一旦失去了理智的约束，就难免会把人带入失败的深渊。

克己，是制怒的前提。克己就是克制自己的激愤情绪。

在影片《林则徐》中，有这样一个镜头：

林则徐为了禁烟来到广州，获悉：广东海关督监豫坤和洋人内外勾结，狼狈为奸，破坏禁烟。林则徐怒不可遏，把茶碗用力一掷，当茶碗在地上碎裂时，他一抬头，看到自己挂在正堂中的一幅字——"制怒"。

林则徐由此而警觉，恰当地控制住自己的感情。第二天，他若无其事，依然热情接待豫坤，经过巧妙周旋，终于让豫坤交出了修建虎门炮台的银两。

从林则徐制怒的故事里，我们可以得到一个启示：怒是可以克制的。这里主要讲的是克制自己的情感。通过加强自身修养，提高文化素质，就可以逐步达到"每临大事有静气"强调修身克己以制怒。

我们要学会克制在人与人正常交往中所不应发之怒，以及在大是大非面前保持冷静的头脑，做出理智判断的处理方法，这样才能为成功提供保障。

克己，不仅仅是人的一种美德，在一个人成就事业的过程中，它也可助我们一臂之力。有所得必有所失，这是定律。因此说，一个人要想取得并非是唾手可得的成功，就必须付出自己的努力。

稻盛先生说，人最难战胜的是自己。的确，一个人成功的最大障碍不是来自外界，而是自身，除了力所不能及的事情做不好之外，自身能做的事不做或做不好，那就是自身的问题，是自制力的问题。

一个成功的人，应该是一个能够克己的人：大家都做但情理上不能做的事，他自制而不去做；大家都不做但情理上应做的事，他强制自己去做。做与不做，能否克己而为，就是能否取得成功的因素。

地狱天堂之别在于人心

同样的条件，同样的设备，为什么一些人把它变成了天堂而另一些却经营成了地狱？关键就在于，你是选择共同幸福还是独霸利益。懂得关心别人、与别人合作的人，终会有人来报答他的。

人生好比一个实验厂，它既有试验地狱的可能，也有试验天堂的可能，至于，你想要活在天堂或地狱，就看你自己的选择了。

地狱与天堂的区别是什么呢？对此，稻盛和夫先生为我们做出了解答：人生是由人的心态所决定的，可为地狱，也可为天堂。

稻盛先生认为，一个人无论物质多么富裕，如果获取利益的欲望无止境地膨胀，贪念无法满足，那么他也就永远不会幸福。而如果生活不甚富裕，但心存善念，充满希望，这样的人们却能感受到幸福。

英国哲学家詹姆士艾伦将人的心灵比作庭院，作了如下阐述：

"如果自己的庭院里没有播种美丽的花草，那么无数杂草的种子必将飞落，茂盛的杂草将占满你的庭院。如果我们想要一个美好的人生，就要翻耕自己心灵的庭院，将不纯的思想一扫而光，然后栽上清纯的、正确的思想，并将它培育下去。"

同样的条件，同样的设备，为什么一些人把它变成了天堂，而另一些却经营成了地狱？关键就在于，你是选择共同幸福还是独霸利益。懂得关心别人、与别人合作的人，终会有人来报答他。

那么，什么是生活里的天堂呢？那就是人要有一颗开悟的、善良的、智慧的心，懂得给别人带来欢乐，带来美好。其实，天堂与地狱，它们之间的距离是那么近，近到我们都分不清楚的地步。它近到一念之间，取决于我们的内心在几秒钟之内做出的决定。

在得克萨斯州的一所小学里，一群天真无邪的孩子经常向玛琳娜老师询问天堂在哪里。为了满足孩子们的好奇和求知欲望，玛琳娜老师请来了莫迪神父。

莫迪神父首先在黑板中间画了一条线，把黑板分成两边，左边写着"天堂"，右边写着"地狱"，然后对孩子们说："我要求你们每一个人分别在'天堂'和'地狱'下面写下与你们的想象或期望相符的内容。"

孩子心目中的"天堂"就这样呈现出来了：花朵、欢笑、树木、天空、爱情、阳光、诗歌、春天、音乐……

在"地狱"这一边，孩子们写下了这样一些字眼：黑暗、肮脏、恶魔、哭泣、残杀、恐怖、仇恨、流血、丑陋……

等孩子们写完之后，神父对他们说："正如大家所知道的，天堂是具备了一切美好事物与美好心灵的地方，这个地方有人叫作天堂，有人叫作天国，或者净土、极乐世界。地狱呢？正好相反，是充斥了一切丑恶事物与丑恶心灵的地方。那么，有没有人知道：人间在哪里呢？"

孩子们说："人间是介于天堂与地狱之间的地方。"

神父说："错了。"

孩子们露出不解的神色。

神父告诉孩子们："人间不是介于天堂与地狱之间。人间既是天堂，也是地狱。当我们心里充满爱的时候，就是身处天堂；当我们心里怀着怨恨的时候，就是住在地狱！"

所谓人性的"地狱"即是人性中最为阴暗的部分，这部分是隐秘的，但又会通过各种形式表现出来，比如说肮脏、残杀、恐怖、仇恨，等等。身处人性的"地狱"，人总是不能理智行事，总是在不知不觉中让自己的行为滑向人性的深渊。当然，凡事都有对立的一面，"天堂"也是存在于人性当中的，是人性中美好的一面，也是我们要提倡和追求的部分。

究竟你生存的世界是地狱还是天堂，完全取决于自己。你凸显人性中黑暗的一面，那么它就是地狱；当你与人性中光明的事物为伍，那么幸福也就降临了。

一念善天堂、一念恶地狱，心善为天堂、心恶为地狱。痛苦就是地狱，开心快乐就是天堂。佛不是在天上成佛的，而是在人间修成正果的。所以天堂与地狱都是在你的心念中的。

生命的可贵也许就是人们在成长的过程中，它太容易逝去，太容易错过美好吧！所以我们很渴望能生活在天堂里，可以无忧无虑地过活，可以不遭受冷遇、遭受黑暗、遭受折磨，可以尽情地和相爱的人厮守，没有遗憾，没有痛苦。

天堂与地狱也就是人心里的阳光与黑暗，心里的阳光多了，就可以把一切都照亮了，就可以做出很多有意义的事，就可以把生命的精彩发挥得淋漓尽致。

正如稻盛先生告诉我们的，身处同一个世界，是天堂还是地狱，就看你是否拥有一颗为他人着想的心。

忠告 3
把挫折和苦难看作磨炼自己成长的机会

年轻时的挫折和考验是磨炼自己的机会

年轻时碰到好事也绝不能骄傲，遭遇灾难和重大挫折也不可消沉。这些都是神灵给予的考验，神灵给予我们灾难或幸运，我们应该把这些作为精神食粮，直面考验，走好此后的人生。

古语有云："故天将降大任于斯人也，必先苦其心志，劳其筋骨，饿其体肤，空乏其身。"

我们年轻的时候，大部分人都经历过许多失败和挫折；同时，也有人年轻时就获得成功，事业有成，过着似乎一帆风顺的生活，这种人真幸福，许多人或许都这么想，每个人都希望自己的生活里充满鲜花和掌声。

稻盛先生向我们讲述了这样一个道理：无论是挫折还是成功对于我们而言都是考验和磨炼自己的机会，神灵给予我们灾难或幸运，应该把这些作为精神食粮，直面考验，走好此后的人生。

学会直面考验，稻盛先生以他的亲身经历向我们阐明了这一道理，这是发生在稻盛故乡的一件事。

当时在稻盛的故乡鹿儿岛举办小学同学会。"希望稻盛君出席，你来了，同学们就会过得很愉快。"这么一说，他就参加了。在同学会上稻盛得知，有人经营小店，有人从工薪族退休，同学中有各种各样的经历。稻盛在一般人眼里算是一个成功者，小学时一起玩乐的伙伴们同他见面很高兴，因此聚会来了许多人。久别重逢，大家兴高采烈，七嘴八舌地谈论着。小学时曾当班长的同学对稻盛说了一番话。小学时的班长考上了稻盛没考上的鹿儿岛一中，当班长穿着一中的校服上学时，曾经同稻盛擦身而过，当时稻盛狠狠地瞪了他一眼。

"稻盛君用十分怨恨的目光瞪着我，那种目光至今难忘。"他这么说。虽然稻盛已经没有印象，但他相信班长说的是事实。因为当时的稻盛非常沮丧，他想的是："初中没考上，自己究竟为何如此倒霉，为什么自己会遭此厄运。"所以，对头脑聪明，能考上好学校的班长，一定抱有羡慕和妒忌的情绪。

后来才知道小学时的班长考上鹿儿岛一中后不久，房子遭空袭被烧毁。从此他就堕落了，一蹶不振。当时战争孤儿很多，街上有许多游手好闲的人，他入了他们的团伙，干了不少坏事，此后的人生很不顺利。

"这样下去可不行！"意识到这点后，小学时的班长重新学习，一直到今天。他儿时小小的成功却没有使他后来的人生一帆风顺。

从这件事我们可以懂得，年轻时碰到好事也绝不能骄傲，遭遇灾难和重大挫折也不可消沉。这些都是神灵给予的考验，神灵给予我们灾难或幸运，应该把这些作为精神食粮，走好此后的人生。

稻盛先生的小学同学一开始就拼命地努力，因而获得成功。然而当遇到困难的时候，却不知道如何面对，刹那间成功就会变为失败，好不容易得来的金钱地位也会化为泡影，从此走向没落的人生。如果那人在那时没有那样的成功，他的人生或许更实在、更幸福。

在成长的路上不管失败也好成功也好，都是对我们的一种磨炼和考验，重要的是如何应对。要从正面接受考验，将它们作为动力，持续不懈地努力，在这过程中塑造自己的人格。在这个世界上，有阳光，就必定有乌云；有晴天，就必定有风雨。从乌云中解脱出来的阳光比从前更加灿烂，经历过风雨的天空才能绽放出美丽的彩虹，当跨过这些坎之后，迎接我们的将是幸福的人生！

逆境是重新审视自身再次起步的最佳时机

成功的路上，有许多事先无法预料的挫折一个接着一个地出现，最后的成功是在用坚毅的精神、敏锐的眼光，从挫折中汲取营养，从失败中吸取教训，以此为动力，而奋勇前进。

"宝剑锋从磨砺出，梅花香自苦寒来"。人们也常说，人生难免有挫折。成功对每个人来说都是一件幸运的事，但不是每一个人都能获得成功，成功不是路边的小石子，随处可捡，也不是田间的小草，随意可觅。要成功，有一段漫长的路要走，在这期间是要经过许多挫折的。

对待挫折，法国大作家巴尔扎克说："挫折是能人的无价之宝，弱者的无底之渊。"强者在挫折面前会越挫越勇，而弱者面对挫折会颓然不前。对于逆境，稻盛先生也给出了自己的看法，逆境是重新审视自身再次起步的最佳时机。

2003年，大学刚毕业的李克选择了自己创业，而这个决定，源自他大学期间的一段打工经历。大学暑假期间，他进了连锁店避风塘当服务员。由于工作卖力，开学后店长硬是拉着他不让走，不仅提升他为领班，还让步同意李克上午上学、下午上班。

"正是这段经历，让我开始了创业之路，"李克说，"避风塘有着规范的经营模式，我管理着30多人。毕业后，我觉得自己拥有了创业的能力。"于是，李克在学校附近模仿避风塘的模式开起了茶餐厅。自己动手做的室内设计，良好的成本控制，只经过四五个月，茶餐厅就开始盈利了。

在茶餐厅经营蒸蒸日上之时，一个人提着80万元找到李克，希望和李克共同经营茶餐厅。李克也觉得这是一个可以扩大店规模的机会，便欣然接受。没想到，两人不仅经营思路不同，那个合伙人还有很强的占有欲。李克慢慢觉得自己被排挤了，内讧对于一个企业来说是致命的，生意日渐冷清。终于有一天，李克拿着当天的营业额300元净身出户离开了。

因为对于这次合伙李克竟单纯地连合同都没签，这次失败让李克变得一无所有。

不服输的李克在短暂的调整后，又先后开了饭店和烟酒店，都是小

35

投资，但同样以失败告终。

一连串的打击，让他结束了第一次创业，进入了一个长达两年的人生低谷。

在这段艰难的时间里，有一天，无意中看到的一条关于居民寻找家电清洗的新闻，让李克觉得这里大有商机。由于这是一个新兴行业，一无所知的他先是研究整个行业的发展趋势，又辗转多个地方进行实地市场调研。在确定了这是个好项目以后，李克便一头扎进当地的一家家电维修部，从零开始，学习基本功，了解家电的内部结构和维修。

苦心学习半年后，有了项目、有了技术的李克开始寻找资金。这次，他吸取了最初的教训，在找到了一个志同道合的出资人的基础上，利用合同对双方的责任义务等做了详细说明。

2006年，李克创办郑州蓝清科技有限公司。白天李克带着仅有的三个员工跑市场，在烈日下的大街上发传单、扫楼、在小区做活动、跑单位，晚上看营销光盘，现学现用。在洋溢着创业激情的日子里，他丝毫没有觉得累。一个月后，他们迎来了第一笔买卖——40台空调的清洗。虽然钱不多，但足以给李克信心——我的项目是有市场的！

到2009年，蓝清营业额已经突破300万元，净利润也已经增长到了150万元以上，现在，他在事业上已经取得了不小的成就。

李克创业成功是经历无数次的挫折、失败之后才得到的，在一次次的失败中吸取教训，正确对待挫折，只有这样才能让挫折变成我们走向成功的阶梯。

稻盛先生指出，成功的路上，有许多事先无法预料的挫折一个接着一个地出现，最后的成功是在用坚毅的精神、伶俐的眼光，从挫折中汲取营养，从失败中吸取教训，从而不断进步。

挫折可以战胜，挫折孕育着成功，而前提是具有坚定的信念和勇往直前的精神。当具备了这些条件之后，挫折就会被你踩在脚下，明天就是拨开浮云见丽日之时。

抛却妄念，锻炼灵魂才不枉此生

人生是一个为了提高身心修养而得到的期限，是为了修炼灵魂而得到的场所。人类活着的意义和人生的价值就是提高身心修养，锤炼灵魂。使自己的灵魂比起刚出生时变得更美好才不枉此生。

"妄念"这个词在我们生活中出现的频率并不高。"妄"，指的是胡乱，荒诞不合理，"念"，即惦记，常常想起。"妄念"的意思，用一句话概括，就是不切实际或不正当的念头。

人生在世间时时刻刻像处于荆棘丛林之中一样，处处暗藏危险或者诱惑。只有不动妄心，不存妄想，心如止水，才能使自己的行动无偏颇，从而有效地规避风险，抵制诱惑，在这个过程中锻造出美丽的心灵。

稻盛和夫先生认为，人生是一个为了提高身心修养而得到的期限，是为了修炼灵魂而得到的场所。人类活着的意义和人生的价值就是提高身心修养，锤炼灵魂。使自己的灵魂比起刚出生时变得更美好才不枉此生。

一个人在生活中难免被世俗所累，很多时候，我们都在乐此不疲地

37

追逐着金钱、地位、名利这些自己认为重要的东西。忽然有一天，你被这些东西累得心力交瘁的时候，回过头来，才发现脱下物质的外衣，自己只是一个心灵的贫瘠者。

人生有成功，有失败，有幸运，有灾难，会发生各种各样的事。人生的风浪磨炼人的灵魂，在迎接死亡之际，重要的不是此生是否有过显赫的事业和名声，而是作为人父、作为人母，是否有一颗善良的心，是否有一个纯洁而美好的灵魂，能够以这样的心、这样的灵魂去面对死亡，这样的人生才能体现一个人的价值。

人类是很聪明的，但是，在面对利益诱惑时又往往不理性。有时，对于个人利益的获取抱有太多不正当的念头，最终毁了大好前程；有时明知是圈套，却因为抵御不住诱惑而落入陷阱。

在人生的道路上，许多人由于太看重个人的利益而被妄念所控制。想一想，世界上有多少人为了钱财，夫妻离异、兄弟反目；有多少人为了升官发财，朋友相残、同事相害；又有多少人为了贪欲而被厄运的玻璃瓶捉住呢？

因此，人仅有聪明是不够的，还需要用理智驾驭自己的贪欲，应该学会抛却妄念，提高内心的层次，学会正确处理遇到的事情。

生活中，每个人都希望自己能够成功，但并不是每个人都可以创办出色的公司，创造优秀的业绩，研究高深的学问，就像一个春意盎然的花园里，既有集众人宠爱于一身的牡丹，也有默默开放的无名野花。人生也是如此，每个人都有美好的愿景和构想，无论是高贵还是平凡，在现世去构建自己纯洁而美好的灵魂，这才是人生的目的。

在我们身边，有这样一些小人物，他们虽然很不起眼，却也在努力地描绘自己的人生。

他们是每天四五点钟冒着凛冽的寒风清扫街道的人。在世俗的眼中，他们是卑微的、渺小的。但是他们从不抱怨，靠着自己的力量生活，同时给我们的生活带来清爽明净。

他们是那些背井离乡、四处漂泊的人。他们站在高高的脚手架上构筑着别人的幸福，他们在幽暗的地下室里盘算着明天的出路，他们骑着租来的自行车无所适从地到处寻找招工广告……没有人知道他们的姓名，没有人记住他们的容颜，或给他们一句随意的寒暄。但是他们仍然以自己的方式不怨尤、不放弃，顽强地奔走着，奋斗着，付出着。这种精气与神韵，我们没有理由不向他们表达敬意。

在最平凡的岗位上，在最平凡的生活中，他们以自己的方式，创造着价值，磨炼着自己的心灵，美丽的心灵与可贵的品质并不会因为所从事职业的平凡而失去光彩。

不管是高高在上的大人物，还是默默无闻的小人物，都应该学会抛却妄念，磨砺灵魂，努力地生活。当面对死亡的时候，你可以确定自己不是一个精神的贫困者，这样的人生才是真正幸福的。正如歌德所说："只有使自己的心神解脱一切烦恼妄念，才能获得精神上的真正快乐。"

人生幸与不幸，都要努力不懈地活下去

人生有无限种可能，很多时候幸与不幸在生活中是难以避免的。不论你是遇到幸运的事还是不幸的事，最重要的是努力不懈地活下去，总有一天你会遇到好的转机。

在众多买彩票的人当中，你中了头彩，这叫作幸运；在满大街的行人中，你遭到了车祸，这叫作不幸。人生中的幸与不幸不是我们能够预料到的。然而，这种偶然又是必然的，既然是必然的那么就不要谢天谢地，也不要怨天恨地，它都是你应该得到的。

　　既然幸与不幸都是你生活中所拥有的，无论遇到幸与不幸，都不要过分地兴奋或懊恼，如果你的生活是幸运的，那就再接再厉，将这份幸运最大化；如果你的生活中遇到不幸，也不要灰心懊恼，只要不放弃，努力不懈地活下去，幸运之神也会向你伸出双手。

　　稻盛先生在演讲中指出，人生有无数种可能，很多时候幸与不幸是难以避免的。不论你是遇到幸运的事还是不幸的事，最重要的是努力不懈地活下去，总有一天生活会有转机。

　　人生中的幸与不幸并不是我们可以掌握的。如果没有双臂，你会做什么？如果失去了一条腿，你还能走多远？如果你只有一只眼睛，你的世界又会怎样？这些不幸的人生假设，台湾传奇画家谢坤山都遇到了。

　　谢坤山虽然残疾，但并非一出生就缺手缺脚，他出生于台东的贫穷家庭，母亲叫张桂花，父亲叫谢鼠。从童年时就必须帮助父母做生意、打工贴补家用。因此谢坤山小学毕业之后，没有继续就学，而是到工厂去打工。后来举家搬到台北，16岁时在工厂工作时，因碰触高压电线而发生意外，四肢都被烧焦，经医生抢救之后，只救回了一只脚，在全家陷入绝望之时，谢坤山的母亲勇敢地站起来，告诉医生，只要谢坤山还能活着叫她一声妈，就足够了，自此，谢坤山决定不向沮丧投降，反而自己发明了许多方法吃饭、喝水，甚至还开始学着用嘴咬笔习画。不幸的是，在他跌跌撞撞重新学习生活的这段时间，因意外碰瞎了一只眼睛。

接踵而来的不幸，并没使他屈服，他还是顽强地生活着，在这个过程中，艺术的世界让谢坤山忘记了自己的残疾，通过不断地努力，他终于成为著名画家。

就是这样一个看似极端不幸的人，却成了台湾家喻户晓的著名画家，他的生活没有无尽的灰暗，更多的是快乐与感动，因为在灾难后的那一刻，他选择的表情是微笑，他说："残废从来没有妨碍我成为一个自在的人，我的衣袖或许空空如也，但我依然能掌握幸福的生活。"因为谢坤山从容的笑容和不变的自信，不幸的生活带给他的依旧是绚美的生命。

幸运也好不幸也罢，只要努力地生活，生活就会变得轻松自如。不去想天堂的幸福或地狱的不幸，以一颗平常心努力地生活在当下、生活在人间。而这世上，没有迈不过去的坎。在这里，有一个不幸者的幸运故事。

一个海难的幸存者漂流到一个荒无人烟的小岛上。他不停地祈祷，希望有船来搭救他，可是两天过去了，连船的影子都没看见。

不得已，他好不容易在岛上建了一个简易的窝棚安身，早晨到岛上的树林里找食物充饥。一天中午，正当他用衣服兜着一大兜的果子回来时，却发现他的窝棚起火了，浓烟滚滚。他的心血全被那熊熊的火焰吞没了。

可怜的人不禁仰天长叹："老天啊，你为什么要这样对我？"

他沮丧地坐在海边的沙滩上，一直到黄昏。在夕阳的余晖下，一艘轮船的轮廓越来越清晰。这个人获救了，因为那艘船上的人看到了岛上升起的浓烟，并把它当成了求救信号。

人的一生会遇到很多次的偶然，有的给你带来不幸，有的给你带来好运。不幸也好，好运也罢，我们都要坦然处之，"不以物喜，不以己悲"，并努力地生活，才是人生的最高境界。

幸与不幸如影随形，陪伴在每一个人的左右。幸或不幸，是一种带有极强个人色彩的主观感觉，人们只能依据各自不同的人生观、价值观及思维模式来思考并判断。眼睛总是盯着幸运那一侧，幸运就会被强化，久而久之便会感觉自己处在幸福的簇拥之中；眼睛总是盯着不幸那一侧，不幸则会被放大，久而久之便会感觉自己身陷于不幸的泥淖之中。

一位学者曾告诉人们："想最幸福的事就是最幸福的人"。认为自己幸福的人是最幸福的，认为自己不幸的人是最不幸的。世上有很多事非人力所能左右，很多过程不可逆转。改变不了环境可以改变自己，改变不了事实可以改变态度，改变不了过去可以努力于现在。生活像镜子，我们对它微笑，它也会对我们微笑；只有微笑地面对，才会有微笑的人生。

苦难是淬炼心性最好的机会

苦难是人生的必需内容，它为我们提供了一个磨炼自我的机会。因为人的心性，往往由挫折和苦难得到更大的淬炼和提高。

有人说：每个人都是被上帝咬了一口的苹果，如果说你的苦难总是很多，那是因为上帝特别喜爱你的芬芳。

没有苦难的人生是不完整的人生。上天永远都是按照自己的意志来摆布人类的生活，我们就是要用自己手中所拥有的去博取上帝手中所拥有的。它让你处在特定的环境，是为了萃取精华，最后熔炼成金。

稻盛和夫先生曾经说过，人生在世往往苦大于乐。但是，如果把苦难看作考验，看作磨炼"灵魂"的机会。那么就应当认识到，所有这些都是上天为了塑造我们的灵魂、磨炼我们的心智而赋予我们的机会。

正如一位名人所说："人刚出生时就像原石，只有经过日后的磨炼，才能成为像光彩四射的宝石。"要想具有优秀的人格，人应该怎样磨炼自己呢？在明治维新时期发挥了关键作用的西乡隆盛可以成为很好的榜样。

西乡隆盛是稻盛先生非常喜爱的历史人物。他是日本明治维新的元勋，是一位充满传奇色彩的人物，稻盛从小就敬仰他，爱戴他，把他看作心目中的大英雄。稻盛创立京瓷不久，就把西乡的格言"敬天爱人"奉作社训，挂在办公室里。

西乡小时候的绰号叫"草包"，是一个毫不起眼的孩子。但是，后来他成为人们所尊敬的、人格高尚的人物，成就了明治维新这一历史的伟业。西乡在人生中经历过各种各样严酷的考验。

在明治维新发动之前，因为不忍眼见同志孤身遇害，他毅然与一位挚友一同赴死，跳入鹿儿岛附近的海里，结果西乡被救生还——挚友死亡，西乡痛苦万分。

后来他又因得罪主君，两次被流放荒岛。特别是第二次，他被流放到离鹿儿岛很远的冲永良部岛，被关进不挡风雨的狭小牢房，过着非人的悲惨生活。

然而，就在这严酷的考验中之中，西乡钻研古典，为提升自己而不懈努力。西乡忍受苦难，而且把这种苦难看成促使自己成长的动力，专心致志，努力磨炼自己的人格。后来当被允许离岛时，西乡已经成长为具备出色人格、敏锐判断力和卓越远见的人物。众望所归，西乡成了明治维新的核心人物。

在这段故事中，西乡隆盛教给我们一个非常重要的道理，就是在人生遭遇"考验"的时候，我们该如何行动？在遭受苦难时，是选择屈服于苦难，怨恨世人呢，还是像西乡一样，不屈不挠，坚持努力，忍受并克服苦难呢？人能否成长，这里就是分水岭。正面面对苦难，不懈努力，把苦难当作淬炼自己品格的最佳机会。就这样，伴随人生的多种考验，人才会茁壮成长。

人只有经过了苦难，才会认识到现在的生活来之不易，也才能更加珍惜现有的生活，才能更加发奋努力地学习，只有在内心深处充分认识到问题的核心所在，才能更好地改正缺点。

苦难是人生的必需内容，它为我们提供了一个磨炼自我的机会。因为人的心性，往往由挫折和苦难得到更大的淬炼和提高。

伟大的音乐家贝多芬的苦难与成就是成正比的，苦难给予他多几分，他的音乐才华就增长几分；苦难逼近他的灵魂几分，他灵魂的光彩就会绽放几分。著名指挥家卡拉扬说："是苦难成就了他。没有苦难，谁知道会发生什么？"

贝多芬长得很丑，他的脸上还经常长一种疮，一直无法治愈，爱情也迟迟不肯垂青他，他唯一的依靠就是音乐。音乐成了他的生命。当他的音乐才能崭露头角之时，却遭遇了失聪的不幸，对于一个音乐家来说，没有比失聪更可怕的了，但这并没有熄灭贝多芬对音乐的热情，反而是使他的音乐创作生涯到达了顶峰。

世人常说：祸兮，福之所伏。每个苦难的背后总是潜藏着无限的祝福，很多时候是我们的眼睛欺骗了我们，在抱怨生活的同时，我们并不知道，穿越苦难的层层障碍，突破它设置的道道关卡，就会看到柳暗花明又一村的美景。

苦难是磨炼自我的一个道场，经历苦难，我们会惊奇地发现，苦难是一朵含苞待放的花朵，它会催生我们体内的能量，让我们逆风绽放。到那时，我们会由衷地感谢上天，感谢它以一种独有的方式逼我们快速长大，让我们在同样的生命长度上比别人多几分坚强，几分沉稳，几分忍耐，几分思考，让我们学会以理智的态度去分析问题，解决问题，从而不断成长。

有这样一句话：苦难是化了妆的祝福。的确，苦难确实会使我们感到痛苦，甚至陷入绝望，但是它比普通的祝福来得更加意味深长，让人品味，洗尽妆容，虽然我们有过苦难，可是我们依然勇敢地面对，只要眼睛没有失去光泽，心灵就永远不会荒芜，走过苦难，我们会收获美好与平和。

不能浪费一去不复返的人生

生命只有一次，万万不可浪费，要"竭尽全力"、真挚、认真地或者——继续这种看似朴质的生活，平凡的人不久也将旧貌换新颜，变成非凡的人。

"燕子去了，有再来的时候；花儿谢了，有再开的时候"。春去春会再来，花谢花会再开。然而，生命的流逝却无论如何也没有再来的时候。

人生如一条缓缓流动的河流，一去不复返，拥有的时候不懂珍惜，一旦失去才知珍贵，到那时，当生活再也找不到停靠的码头，只好带着遗憾于怀念之中无言地漂泊。

"盛年不重来，一日难再晨；及时当勉励，岁月不待人"。我国东晋时期的著名诗人陶渊明也曾发过这样的感叹。"漫漫人生悠悠岁月，几度风雨几度春秋"。人生岁月的流逝，我们谁也无法抗拒。只是当时光匆匆走过，回来再看看，来到这个世界的我们，得到些什么？是至真的爱情还是至纯的友谊？是彷徨遗憾还是明了醒悟？

人应该如何度过仅有的一生呢？对此稻盛和夫先生给了我们最诚恳的建议：生命只有一次，万万不可浪费，要"竭尽全力"、真挚、认真地或者——继续这种看似朴质的生活，平凡的人不久也将旧貌换新颜，变成非凡的人。

正是因为他懂得珍惜一去不复返的人生，把生命的价值最大化，才成就了今天的稻盛和夫。

曾看到过这样一个故事：

有一对兄弟，他们的家住在80层楼上。有一次他们外出旅行，回家时发现大楼停电了。他们只好背着大包的行李开始爬楼梯，爬到20楼的时候他们有些累了，哥哥说："包太重了，不如这样吧，我们把包放在这里，等来电后乘坐电梯来拿。"弟弟觉得这个提议不错。于是，他们把行李放在了20楼，继续往上爬。

他们说笑着继续往上爬，可是好景不长，到了40楼，两个人累得实在不行了。想到还只爬了一半，兄弟二人开始互相抱怨，指责对方不留意大楼的停电公告，才会落得如此下场。他们边吵边爬，就这样一路爬到了60楼。到了60楼，他们累得连吵架的力气也没有了。弟弟对哥哥说："我们不要吵了，爬完它吧。"于是他们默默地继续爬楼，终于——80楼到了！兄弟俩兴奋地来到家门口，却发现他们的钥匙留在了20楼的行李包里……

其实这个故事也是我们许多人一生的反映：20岁之前，我们带着亲友的期望，背负着很多的压力、包袱，自己也不够成熟、能力不足，因此步履难免不稳。20岁之后，离开了众人的压力，卸下了包袱，终于可以全力以赴地追求自己的梦想。可是到了40岁，发现青春已逝，不免产生许多的遗憾和追悔，于是开始遗憾这个、惋惜那个、抱怨这个……就这样在抱怨中又度过了20年。到了60岁，发现人生已所剩不多，于是告诉自己不要再抱怨了，就珍惜剩下的日子吧！只好默默地走完了自己的余年。到了生命的尽头，才想起自己好像有什么事情没有完成……原来，我们所有的梦想都留在了20岁的青春岁月，一个来不及完成的人生之梦。

人生就是如此。许多人不懂得珍惜，在忙忙碌碌漫无目的地生活着，到老年时才后悔莫及，于是开始深深地自责，然后在自责中遗憾地走完了自己的一生。

没有人希望自己在人生走到尽头的时候，才攥紧拳头想要拼命抓住未来得及拥有的东西。珍惜生命，不要等到40岁后才追悔莫及，60岁去遗憾抱怨。就从今日起，好好工作，兢兢业业干好本职工作，努力生活,使自己的生活更有色彩,人生更具意义。

　　人生的道路漫长而又坎坷,一路走来,会有许多的牵绊、许多的不舍,也许会让我们惶恐、忧虑、不堪重负。当我们学会让自己面对,用满心的执着和努力,把困难带来的精神压力化成一首淡淡的曲子。那我们就会发现,只要学会珍惜人生,顺境也好,逆境也罢,无论什么对我们而言都会是一种收获,哪怕是一种失落、一种伤害……辗转于人生的道路上,总会有着诸多的坎坷与迷失。美好的总是简单的,简单的却不一定是美好的。人生亦如此,一路坦途不一定就是美好绚烂的人生,或许正是那几番的痛苦和磨砺,才铸就了生命中的点滴辉煌。

　　人生一去不复返,人生如酒,岁月如歌,面对这样的人生岁月,请选择——珍惜。

忠告 4
人生在世首要的是敬天爱人，以心思善

人的进步就是心境比降临人世之初时更美好

人的进步就是比降临人世之初心境变得美好，人生的磨难重重，命途多舛，就是使人的心灵更美好。

泰戈尔曾说：只有经历地狱般的磨炼，才能炼出创造天堂的力量；只有流过血的手指，才能弹出世间的绝唱。

在人短暂的一生中，或许我们曾经沉溺于荣华富贵，陷于争权夺利而无法自拔，但是当岁月无声地流逝时，有一天，我们蓦然回首：当死神降临的时候，我们还剩什么？

稻盛先生在某次演讲中回答了这个问题：人的进步就是比降临人世之初心境变得美好，人生的磨难重重，命途多舛，就是使人的心灵更美好。

孙佳星，曾经是青少年羡慕的小偶像。

当年，她在中外众多青少年小歌手中确实是一颗"佳星"。在别人看来孙佳星是一个生活中的"幸运儿"，有着令人羡慕的天资，但是又有多少人知道她生活中也曾有过的不幸和挫折。

孙佳星出生在1976年，降生后赶上大地震，从小就没有奶吃，瘦弱得抬不起头。当她3岁时，亲生父亲又抛弃了她，从此她失去了爸爸。

由于家庭的特殊，她承受了许多其他孩子无法想象的痛苦。4岁半时，孙佳星报考中央音乐学院附小，主考老师问她："你爸爸是干什么的？"她聪明地当众回答："我爸爸到别人家看孩子去了。"回答得虽然很巧妙，但她眼里满含泪水。

上小学后，老师非常喜欢她，但有时她常遭到不太懂事的孩子们的欺负。当别的孩子取笑她没有爸爸时她伤心极了，大声哭着往家跑。

但是她不畏困难，不怕挫折，昂起头走路，昂起头生活，昂起头歌唱。在和母亲相依为命的8年里，她取得了令人惊讶的成功：许多出版公司、声像艺术公司等为她录制了多盘磁带，其中《孙佳星影视歌曲专辑》还荣获了全国首届通美杯金银榜盒带评比银奖，在全国通俗歌曲研讨会上，她的《找爸爸》被誉为少年通俗演唱法的"佳例"。

这是一个真实的故事，这是一个感人的故事。一个小女孩在挫折面前不动摇，勇敢地克服困难，最终成长的故事。

当然我们不能走极端，要锻炼自己的意志，就睡在钉尖林立的床板上，弄得鲜血淋漓；为了使自己坚韧不拔，带上脚镣，在沙漠中边走边鞭打自己。但是，一旦遇到挫折和不幸，应当不悲观、不动摇，并珍惜挫折给自己带来的锻炼机会。感谢挫折的磨砺，我们的心灵就会慢慢地成长。

人生的最大意义就是当自己死亡时，心灵会比出生的时候变得更加美好。换言之是指抑制自私、冲动的自我，心态更加平和与包容，利他之心开始萌芽。

那么，怎样才能砥砺心智，提升灵魂，使我们的心境变得更加美好呢？

作为砥砺心灵的指针，稻盛先生根据自身的经验总结出以下"六项精进"来磨炼自己的心境，这六项精进分别是以下几个方面：

（1）付出不亚于任何人的努力。比任何人更多地钻研，而且一心一意保持下去。如果有闲工夫抱怨不满，还不如努力前进，提高，即使只是一厘米。

（2）戒骄戒躁。"谦受益"是中国的古语，谦虚之心能招来幸福，净化灵魂。

（3）每天自我反省。每天检查自己的行动和心理状态，是否只考虑了自己的利益，是否有卑怯的举止等，自省自戒，努力改正。

（4）感谢生命。只要活着就是幸福，培养对任何细小的事情都心怀感激的心情。

（5）行善积德。"积善之家庆有余"，提倡行善，积德，特别注意要有同情心，行善积德有好报。

（6）摒弃感性所带来的烦恼。不要总是愤愤不平，杞人忧天，自寻烦恼。相反地，为了不致事后后悔，要更加全身心地投入。

稻盛先生经常把这"六项精进"说给自己听，并且有意地实践，将这些看似平凡、理所当然的东西，一点一点坚持实践下去，直到融入生活当中，以此来磨炼自己的心境。

在漫漫的宇宙历史长河中，人生也许只不过是短暂的一瞬间，让生命即将结束时的价值高于生命开始时的价值，这就是我们生命的意义和目的。再进一步说，在为此所付出努力的过程中，就有人的尊严，生命的本质。

人的生命只有一次。我们每个人都会体尝各种艰辛、悲痛、烦恼，也会体验到生存的喜悦、欢乐和幸福。

把这些体验、过程作为自我心灵的砥砺，使落幕时候的灵魂比人生开幕时的灵魂更加高尚，如果能做到这一点，可以说我们的人生就有了足够的价值。

追求人间正道——单纯且强有力的信念

如果要寻求我成功的理由，也许就是这一点。亦即，也许我的才能存在不足，但是，我有一个单纯而坚强地追求人间正道的指针。

稻盛先生曾经说过："如果要寻求我成功的理由，也许就是这一点。亦即，也许我的才能存在不足，但是，我有一个单纯而坚强地追求人间正道的指针。"

现代社会是个竞争激烈的时代，人们为名为利忙碌着、竞争着，在残酷的竞争里有泪有歌，有哭有笑。很多时候，无情的竞争充斥着整个社会，人们活得很累，很郁闷。许多时候，金钱并不能给人带来快乐，对名利的过分追逐，往往会失掉善良的本性，唯利是图，为了名利不顾一切，甚至丢掉了亲情，丢掉了友情。

时间能磨灭人的躯体，但磨灭不了人的智慧和灵魂。一个没有灵魂的人，无论多么年轻都只不过是具行尸走肉而已。所以，在这短暂的一生中，要使自己的人格更加丰满，应该有一个正确的目标，在正确的价值观念的引导下，使我们一步步将目标实现，追求真诚、善良与道德。舞动自己的青春，浇灌爱人的心田，感染朋友的情绪。用感悟和感恩装点自己的人生，让我们把年轻的意义看得更加广义和宽泛，即使我们在慢慢变老，即使有一天我们都会逝去，也一定要潇洒地在这个世间好好地走一回。

稻盛先生一直坚持着一种单纯且强有力的信念——追求人间正道的做人准则，竭尽全力、真挚、认真地活着。

诚然，世上千人千面，各有各的活法。人生单纯而又复杂，经不住利益的诱惑的人，往往会走上失败的道路，最后变得无法挽回。

在社会不断进步、经济不断发展的同时，企业因行贿被曝光和遭到制裁的事件层出不穷，从"沃尔玛案""朗讯案""西门子案"，一直到"阿斯利康案""戴姆勒案"，几乎每隔几个月就会出现一起大的外企"贿赂"事件。

美国政府指控戴姆勒公司为得到价值数亿美元的合同，在1998年至2008年间向22个国家的政府官员行贿数千万美元，戴姆勒公司由此深陷"贿赂"丑闻。企业形象受到严重的损害，戴姆勒公司还为此向美国支付了1.85亿美元的和解费。

我们不禁发问：这个世界怎么了？

马克思曾经说过:"如果有50%的利润,它就铤而走险;为了100%的利润,它就敢践踏一切人间法律;有300%的利润,它就敢犯任何罪行,甚至冒绞死的危险。"

许多企业行贿的行为,是源于自身对超额利润的追逐,希望获得最大的利润,为了追求超额利润,有的企业宁愿违反道德底线,触犯法律规定。难道企业仅仅是为追求超额利润而存在的吗?我们都知道,企业存在的目的是提供合适的产品和服务,来满足社会的需求,改善大众的生活质量。倘若企业为了追求高额利润而不择手段,那么市场经济规则将不能得到遵守,"公平竞争、优胜劣汰"的竞争法则也将被"关系和利益"所取代,伴随而来的是恶性竞争的不断膨胀,最终将导致企业信用缺失,良好形象不复存在,无法赢得客户的认可,使企业不断壮大发展的蓝图更是空想。

有一句话是这样说的:做企业如同做人。从长远利益来看,企业只有真正遵循市场竞争的规律,固守道德和法律的底线,洁身自好、阳光营销,自觉抵制非法的、违反道德的营销手段,才能获得健康的、持久的发展,才能创造出成功的企业。

如果一个企业的创办和发展只是经营者为了谋取个人的利益,那么,这样的企业是无法生存和发展下去的。一个企业的领导不仅需要具备优秀的领导才能和管理才能,还需要具备优秀的人格,具有无私的精神,有为全体员工谋福利、为社会创造价值的奉献精神,这样的领导者才会使一个企业健康地发展下去。

需要磨砺、提高心智的不仅仅是领导。任何人都需要将心智朝好的方向提高,不仅要做一个有能力的人,还要做一个有人格的人;不仅要做一个聪明的人，还要做一个正确的人。可以说，这就是人生的目的、人生本来的意义。

在经营之道中，秉持人间正道是发展不可或缺的因素。同时，在日常生活中，坚持正道才能赢得所有人的尊敬，才能让我们的生活更加温馨和富有活力。

怀着一颗利他的心来对待身边的人，来处理我们所遇到的事。怀着一颗正义的心来对待周围的世界，这样你的生活将会有无限的惊喜。

感谢今日，振作明日，此为"君子之心"

活着，就要感谢，对一切都要说："谢谢！"有了这样一颗能感受幸福的心，才能活得更加滋润，让自己的人生更加丰富。这是做人做事应该有的基本心态。

现代人脚步匆匆，流连世俗，贪恋于个人的享受和索取，大多轻视或忘却了感谢。难道含而不露就是深沉？难道默然麻木就是傲然？芸芸众生，无论是伟大还是渺小，悄然混同于陌路，使本应盈满感谢馨香的时节散发出久雨的霉气。

生活在世间，行走在路上，沐浴着阳光，享受着和风细雨，我们无论如何也要存有一颗感恩的心，也要学会感谢！

在稻盛先生看来，活着，就要感谢，对一切都要说："谢谢！"有了这样一颗能感受幸福的心，才能活得更加滋润，让自己的人生更加丰富。这是做人做事应该有的基本心态。

稻盛先生就是一个懂得感谢、懂得感恩的人。这是他亲身经历的一件事，当时的他还没有上小学。

稻盛的父亲出生在偏僻的山村深处，那儿住着稻盛的几位亲戚，他们虔诚信佛。在明治时期，"废佛毁释"的政策使佛教受到了镇压，他们只好将佛龛和佛像藏在山里一家偏僻的房子的壁橱里。

稻盛的父亲曾带他去过那位亲戚的家，按照从前的传统，他们提着一盏灯笼，步履艰难地走在漆黑的山路上。最后，他们终于来到了深山里一间破旧的房子面前。进去一看，那里坐着一位和尚打扮的人，在念佛诵经。在他的身后，站着五个双手合十的孩子，他们都是小学生。

那位和尚对稻盛的父亲说，"这孩子没问题，以后不用再来了。"说完后，他又面对着稻盛，说："孩子，今生今世，只要你还活着，你就要念诵'南曼、南曼，谢谢'。每天向佛陀表示感谢，绝对不能忘记呀。"

念佛时吟诵的"南无阿弥陀佛"，用鹿儿岛方言说就是"南曼、南曼"。然后，那和尚又朝向稻盛的父亲说道："如果这个孩子能照我的嘱咐去做，他的人生会很顺畅。"最后，他用眼神示意他们，"你们可以回去了"。直到现在，当时的情景依然历历在目。

稻盛照着那位和尚的嘱咐做，一直坚持到今天，从不间断。现在，稻盛和夫皈依到禅宗的佛门之下，取得了僧人的资格。不过，禅宗里并不教大乘佛教里的"南无阿弥陀佛，谢谢"这样的内容，也不唱净土真宗的"南曼、南曼，谢谢"。但是，早晚两次，在家吟诵禅宗经书的时候，最后，稻盛一定说一声"南曼、南曼，谢谢"，现在依然如此。

这种感谢之心一直保持到今天，扩展到稻盛和夫的事业上，形成了

"利他"的经营理念，正是这种虔诚的感谢心才造就了今天的稻盛，造就了今天的京瓷公司。

京瓷、第二电信，这些优秀企业的成功，本来不是稻盛个人所能办成的事，是所有员工共同努力的结果，因此，他一直抱着感谢的心对待身边的人，用感谢的话语温暖大家的心。

我们要学会感谢周围的一切，这是理所当然的，因为我们不可能单身一人活在这世上。空气、水、食品还有家庭成员、单位同事，还有社会，我们每个人都在周围环境的支持下才能生存。这样想来，只要我们能健康地活着，就该自然地生出感谢之心，有了感谢之心，我们就能感受到人生的幸福。

"谢谢"这个词能在你周围制造出一种和谐的氛围，它能将你带进一个高尚的境界，也能给周围的人带来好心情。当你在公交车上给老人让座，那位老人会弯腰道谢："谢谢，太感谢了！"这时，你和别人都会感到温暖，善意就这样传染给了周围的人，还将循环下去。如果这样的好事不断地发生、这样的行为不断涌现的话，社会就会变得越来越美好。

感谢是一种财富。我们要牢牢把握住这种财富，并让它绽放出最耀眼的光芒。这是人生中不可缺少的重要财富，它能让我们在今天即将结束时，用良好的心态面对明天即将到来的挑战。

感谢是一种魅力。它以一种独特的方式向世人展现出人性中最闪耀的一面，它还能感染我们身边每一个人，它是民族的瑰宝，永垂不朽。它是一颗最大的钻石，永远闪闪发光。让我们铭记稻盛先生的话：感谢今日，振作明日，用感恩的心面对世界。

敬天爱人，以心为本

"敬天爱人"是一个企业获得发展必备的经营理念，同时应该是人生应该有的心态。学会关心他人，为他人着想，也是一个人想要获得幸福的人生所需要的，只有一颗充满爱的心才能焕发出明亮的光，在温暖他人的同时，也能照亮自己的世界。

敬天爱人，直接的解释即敬畏上天，关爱众人。"敬天"就是要敬重人类赖以生存和工作的大自然和社会，并自觉地遵从天道、公理；"爱人"就是要对社会和他人抱有真诚的关爱、帮助之心并付之行动。这里的"人"，不仅指本企业的员工、顾客，也泛指社会上的普通人。"敬天爱人"也就是说敬畏上天，关爱众人。敬天就是依循自然之理、人间正道；爱人就是摒弃私欲、体恤他人。

"敬天爱人"是稻盛先生所创办的京瓷的核心价值，是他一直不断实践化和行动化的理念，这不仅是在事业的经营上需要的，也是一个来到世间的人应该努力具备的品格。

一位著名的企业家曾经说："企业的成功取决于经营者的品格，也就是经营者的德行。"作为一个经营者，应该树立一个良好的道德形象，不能只想着如何尽可能容易地赚到更多的钱，而应该在发展的同时不能忽略员工的利益，把员工的利益作为出发点，怀着"利他"的心来面对一切，这样才能得到员工的信任，形成一个企业的强大凝聚力，这对一个企业的长远发展来说，胜过一笔自私的交易所获得的巨大利润。

稻盛先生这样教导日本企业界：我们在经营中小企业，许多人认为我们的事业没什么了不起。但是，不管是5人也好，10人也好，我们都有员工，员工又都有家属，保障员工及其家属的生活是我们的责任。经营者必须追求利润，为此，人们往往认为没有贪欲之心，做不到冷酷无情，就无法经营企业。然而，这是错误的。恰恰相反，如果没有同情和关爱之心，缺乏美好的心灵，经营则无法顺利进行。所以为了经营好企业，经营者必须提升自己的人格。利他之心非常重要，要经常思考"作为人，何谓正确"在做出决策的时候，要扪心自问：自己是否"动机至善，私心了无"。人们要学会知足，利他，这是真正的"敬天爱人"。

也许有人会说，这四个字包含的意义太深，太广，好像离我们的生活太远。其实，敬天爱人就是把我们日常生活中所说的关爱他人、互相帮助等充满爱心和感恩之心的思想高度浓缩了。对于一个普通人来说，做到敬天爱人其实并不难，最根本的就是从自己的内心出发，倾听内心最深处、最真诚的声音，使自己度过一个有价值的人生。

天津宝成集团的董事长柴宝成，原来是天津的一名普通的农民，家里的生活并不富裕，结婚之后，和妻子一起努力打拼，靠2万元起家，办起民用炉生产厂，艰苦奋斗十几年后，共同创办了天津宝成集团有限公司，并使企业跨入全国500家最大的私营企业行列，现有固定资产7000多万元，虽然柴宝成夫妇现在在别人眼里已经是家庭富裕，事业有成，然而，拥有几千万元资产的柴宝成夫妇，却依然过着简朴的生活，他们和职工一起吃食堂，仍然是普通农民的本色。生活简朴的他们却极富爱心，尽他们最大的努力帮助更多需要帮助的人，用爱心来回报社会。

当河北省南部发生严重水灾的消息传来时，柴宝成和张玉敏第一时间就积极组织职工募捐，不到两个小时就募集到 600 多件衣服被子送往灾区。他们还无偿为驻守津南区的武警部队营房安装了暖气，向天津咸水沽一中和蓟县三中各捐赠了一台价值 20 万元的采暖锅炉。

夫妻俩走上致富之路后，并没有忘记家乡贫困的父老乡亲。他们投资扶植村里经济的发展，在夫妻俩的帮助下，村里 300 多户家庭走上了致富路，他们还帮助附近两个陷入经营危机的企业摆脱了困境。每到春节他们都不忘给村里的贫困户和敬老院的孤寡老人送去现金和礼品。为了改善家乡的孩子的教育状况，他们投资为村里盖了一所希望小学。此外，夫妻俩还以个人的名义为津南区私立南华中学建立了 100 万元教育教学奖励奖金。

身边的人没有不为夫妻俩的充满爱心、为他人着想的行动所感动，当有人问柴宝成为什么这样做时，他深情地说："人的一生只有短短的几十年，多些奉献，少些索取，多为他人着想，这样活着才有意义。"

在我们的身边，其实不乏这样的人，也许他们所做的事并没有柴宝成夫妇这样伟大，但是小小的善举，也可以给需要的人带去温暖和鼓励，只要你的心里容纳的不仅仅是个人的利益和得失，在你心里的某个角落，有一个充满温暖的地方，能给需要的人带去力所能及的温暖，这样你也是"敬天爱人"的践行者。

"敬天爱人"是一个企业获得发展必备的经营理念，同时应该是人生应该有的心态。学会关心他人，为他人着想，也是一个人想要获得幸福的人生所需要的，只有一颗充满爱的心才能焕发出明亮的光，在温暖他人的同时，也能照亮自己的世界。

稻盛先生"敬天爱人"慎言笃行，筑起了一条精神山脉，正可以给攀登者的灵魂以甘露、阳光和力量。愿更多的攀登者能够沿着这条山脉前进，欣赏到最美的风景。

以意志力除贪嗔痴

在生活中，许多聪明的人，有时却犯着鼩鼠一样的错误，因为缺乏坚强的意志力，被贪欲蒙蔽了双眼，最后只能落得一个可悲的下场。

贪嗔痴，是佛教中的三毒。贪，是对于喜好的过分偏执；嗔，是对于讨厌的过分偏执；痴，是根本的不明事理的实相而做出贪或者嗔的反应。

我们生活的这个世界里，存在着很多诱惑。有很多美好的诱惑，激励我们去追逐。但是，也有很多不良诱惑，妨碍了我们的成功，破坏了我们的幸福，甚至危害我们的身心健康。对于每一个要克服的障碍，都离不开意志力，面对每一个所执行的艰难决定，我们依靠的是内心的力量。在面对人世间的权利、金钱等的诱惑时，我们会被头脑中的"贪、嗔、痴"念所左右，把我们引入错误的路。

意志力是人格中的重要组成因素，对人的一生有着重大影响。人们要获得成功必须要有意志力作保证。

对于如何克服人生中种种不良的想法和诱惑，稻盛先生认同的观点是：培养坚强的意志力，用意志力来排除思想中的贪嗔痴，以进一步培养自己的品格。

在生活中，只有具有坚强的意志力的人才能抵制诱惑，选择正确的道路。有这样一个小故事：

在领导干部廉政培训班上，一位党校的老教授在给学员们讲课时讲到了一个关于内蒙古草原上的鼬鼠的故事。

他对学员们说："草原上有一种鼬鼠，他们一生储存着足够十几只鼬鼠一生食用的粮食，然而，你们知道鼬鼠最后是怎么死的吗？"

"它们最后都是饿死的！"

"饿死的，这怎么可能呢？它们储存了这么多粮食。为什么还会饿死呢？"学员们感到非常不解。

老教授微笑着示意他坐下，然后语重心长地说："草原上的这种鼬鼠可以说是非常聪明而且勤劳的，他们整天忙忙碌碌，不停地寻找着食物，然后把吃不完的食物储存到洞穴里。据统计，鼬鼠一生最多要储存20多个'粮仓'，这些粮食足够十几只鼬鼠毕生享用。"

老教授顿了顿，说："鼬鼠晚年走不动的时候，就会躲进自己的'粮仓'里，但它们必须经常啃咬硬物磨短两颗门牙，否则就会因门牙无限生长而无法进食。但它们早先在'粮仓'里并没有储存硬物，结果因没有硬物磨牙致使门牙不断生长，老长的门牙让鼬鼠无法进食，最后饿死在粮堆上。"

"这鼬鼠也太愚蠢了！为什么当初在储存粮食的时候不储存一点石子等硬物呢？"听到这里，学员们不禁感叹道。

老教授接着说："从储存粮食这一点上可以看出来，鼬鼠是一种很有灵性的动物。贪欲使它只看到粮食，而看不见石子，看不见粮食以外的任何东西，它陷入贪欲的陷阱里，看不见隐患，看不见潜在的危机，看不见明天与未来，它们不是因愚蠢而饿死，而是死在了自己的贪欲上。"

的确，在生活中，许多聪明的人，有时却犯了同鼬鼠一样的错误，因为缺乏坚强的意志力，被贪欲蒙蔽了双眼，最后只能落得一个可悲的下场。

在稻盛先生看来，如果一个人缺乏意志力，那么，即使他生活的条件再好，天资禀赋再高，也难免遭遇困难和挫折。

人的一生不可能是一帆风顺的，总要经历各种困难。面对困难，有的人唉声叹气，畏缩不前；有的人精神振奋，意志坚定。只有不畏困难，才能达到成功的彼岸。

正如苏联著名作家奥斯特洛夫斯基所说："勇敢产生在斗争中，勇气是在每天面对困难的顽强抵抗中养成。我们青年的箴言就是，勇敢、顽强、坚定，就是排除一切障碍。"

生活的波涛汹涌澎湃，大浪和急流中携带着牺牲者的尸体，因为他们没有意志，只能随波逐流与海水化为一体。面对人生中的各种诱惑，要想有一面牢不可破的盾牌，就要站在自我之中。

一个牢固的三角，支持它的是形状；支持人的，则是人类坚强的内心。乔治·桑塔耶那曾经说："意志力是幸福的源泉，幸福来源于自我约束。"磨炼自己的意志力是幸福的基础，用意志力的力量排除生活的诱惑，当你对待你自己和你朋友能够自律的时候，你就获得了宁静。

凭一颗纯粹而真挚的心便能打动人

真诚总能打动别人的心，把自己的真心捧在手心，别人就会推心置腹地与你畅谈。

曾经满怀壮志，曾经彷徨挣扎，曾经对酒当歌，曾经黯然落泪，生活是如此多姿多彩，别忘记执一颗真善的心去热爱生活，去对待身边的人。

世界是美好的，生命是美丽的，人生是美妙的。生活在世界上的每一个人，如果你能够真诚地对待生命中的每一天，对待身边的每一个人，那你的生活将会充满阳光和感动。

稻盛先生认为：真诚总能打动别人的心，把自己的真心捧在手心，别人就会推心置腹地与你畅谈。

只要怀一颗真挚的心，世界将到处都是风景。一颗真挚的心，好像春天的田野是一道绿色的风景。那绿色的小生灵踊跃着生命的节奏，它们在合唱一首美丽的颂歌，温暖我们的心灵。一颗真挚的心，犹如一泓涓涓的泉水，滋润我们干涸的心，让受尽煎熬的心重新燃起希望。

真挚，是在人与人的交往中不可或缺的一种情感，在与别人交流的过程中，用一颗纯粹而真挚的心，才能得到别人的信任。

家喻户晓的"三顾茅庐"的故事中，主人公刘备就是一个真诚的人：

东汉末年，天下大乱，当时曹操挟天子以令诸侯，孙权拥兵东吴，为了壮大自己的力量，巩固已有的权力，汉宗室豫州牧刘备一直广纳天下有志向、有才能的人士，他听徐庶和司马徽说诸葛亮很有学识，又有才能，于是就亲自和关羽、张飞带着礼物到隆中卧龙岗去请诸葛亮出山，希望他能够帮助自己完成统一天下的大业。

第一次到诸葛亮的住所时，恰巧诸葛亮这天出去了，刘备只得失望地回去。不久，刘备又和关羽、张飞冒着风雪第二次去请，不料诸葛亮又外出闲游去了。张飞原本不愿意来，看到诸葛亮不在家，就催着要回去。刘备只得留下一封信，表达自己对诸葛亮的敬佩和请他出来帮助自己挽救危险局面的意思。这次去时大雪封山，马都走不了，但刘备还是执意要去，最后还因此生病了。

过了一些时候，刘备吃了三天素，准备再去请诸葛亮。关羽劝刘备说诸葛亮也许是徒有虚名，未必有真才实学，不用去了，而且第三次去时正是刘备、关羽和张飞桃园结义纪念日。张飞主张由他一个人去请，如果他不来，就用绳子把他捆来。刘备知道张飞的这种想法之后，把他责备了一番，又和关羽、张飞第三次拜访诸葛亮。这次到达诸葛亮的茅庐时，诸葛亮正在睡觉。刘备不敢惊动他，一直站到诸葛亮自己醒来，才彼此坐下谈话。诸葛亮见到刘备有志替国家做事，而且诚恳地请他帮助，于是就出来全力帮助刘备建立了蜀汉王朝。

刘备三次亲自敦请诸葛亮的这件事情，被称为"三顾茅庐"，刘备用一颗诚挚的心打动诸葛亮的故事被传为佳话，一直流传至今。

如果我们大胆想象，假设刘备只去了一次就没再去了，就请不出卧龙先生，也就不能成就一番惊天动地的大事业。"精诚所至，金石为开"，就是刘备真诚的力量使诸葛亮被其打动，从而答应出山助刘备一臂之力，兴复汉室。

后来，诸葛亮在北伐魏国给后主刘禅的信中说："臣本布衣，却被先帝三顾于茅庐之中，甚是感动，愿孝臣子之忠，今日北伐，兴复汉室天下。"是什么让卧龙先生如此忠诚于蜀国呢？是刘备的真诚，因为一颗真诚的心最能打动人。刘备真诚的心意感动了诸葛亮，才让诸葛亮出了山，而且他忠心耿耿，直至去世。

如果你有一颗真挚的心，身边总会有侠肝义胆的好朋友，他们将会是你宝贵的财富，当你伤心时，他们让你开怀；当你怯懦时，他们让你勇敢。他们总是随时倾听你的忧伤。你需要他们的时候,他们会支持你,向你敞开心扉。这是具有真挚的感情的朋友之间共享的快乐和幸福。

稻盛先生的一句话让人印象深刻:这个世界上生活的70多亿人口,就是用真挚的情感维系起来的。真挚的情感让我们用云絮般的温柔擦拭哭泣的脸庞,真挚的情感让我们用不知疲倦的笑靥去面对每一次困难的降临,真挚的情感让我们用充满正义的心灵向每个人灌溉爱的思想。

在与人相处的时候,报以一颗真挚的心,一举手,一投足,一个微笑,一声问候,把温暖传递给身边的人,建起信任的桥梁。

奋斗使人生更多彩,人格更高尚

人生是一个奋斗的过程,我们生活一天,就得奋斗一天。生活一分钟、一秒钟,就得要奋斗一分钟、一秒钟,奋斗使人生更多彩,同时能够锻造出一个人的高尚人格。

在最悲伤的时刻,不能忘记信念。最幸福的时刻,不能忘记人生的坎坷。人生不是铺满玫瑰花的路径,每天都要面临新的选择和挑战。

美学家朱光潜说:"人生本来就是一种较广义的艺术。每个人的生命史就是他自己的作品。这种作品可以是艺术的,也可以不是艺术的,正如同是一种顽石,这个人能把它雕成一座伟大的雕像,而另一个人却不能使它'成器',分别全在性分与修养。知道生活的人就是艺术家,他的生活就是艺术作品。"

人生,一个朴实而深刻的字眼,人生是一个为自己而创造的过程;

人生是一个让自己发光发热的瞬间。人生如书，一本深沉厚重的书，一本一辈子才能写完，但并非所有的人都能写好，而又要自己去亲身经历的大书。只有奋斗才能写好自己的人生，走好自己的道路。

稻盛先生认为，人生是一个奋斗的过程，我们生活一天，就得奋斗一天。生活一分钟、一秒钟，就得要奋斗一分钟、一秒钟，奋斗使人生更多彩，同时能够锻造出一个人的高尚人格。

郭丽文出生于汕头市一个工人家庭，自小心灵手巧，喜欢做潮汕各种粿品小食。婚后数年她已是三个孩子的母亲，但是为了更好地照顾家人，她暗下决心，要学一门手艺，摆脱贫困，做一番事业。

几经努力，她到了汕头大厦点心部，从一名勤杂工做起，但是她手脚麻利，不辞辛苦，又虚心学习，悟性较高，经过师傅指导和勤学苦练，郭丽文的糕点制作技术逐步提高了。

改革开放时，郭丽文开始把家庭小作坊的产品送到一些小商店售卖，很快便脱销，使她的信心更足了，她把小焗炉换成大焗炉，借外婆家做工场，三姐妹同时做饼，她还通过参加市里厨师培训和到广州拜师学艺，技艺精益求精。

1990年，郭丽文以多年积蓄加上银行贷款和亲友集资，在中山公园月眉桥边开起了自己的月眉湾菜馆。2001年年末，坐落于海滨路21号的月眉湾酒楼新址开张。奋斗了大半生，一个在艰苦环境中勇往直前的女子，初步实现了自己的理想。

2007年，郭丽文投资的"悦宴概念餐饮"正式拉开帷幕。多国的美食，时尚的概念，超前的设计，开辟了汕头"无国界美食"的先河。"悦宴"受到了现代消费人群的欢迎，作为餐饮业的崭新形式，获得了

"2007粤东十大时尚品牌"称号。多年的努力，郭丽文播下的种子终于结成硕果。作为一位成功女性，郭丽文获得了无数的荣誉，她勤俭致富的初衷，固然是为了让一家人能过上好日子，但取得了事业的成功后，在奋斗的过程中，她更加理解了生活的不易，于是她又积极地投入公益事业中，用爱心回报社会。

"奋斗使人生精彩，使人格高尚"，郭丽文用她的人生经历证明了这一点，从一个普通的妇女蜕变为一位成功的充满爱心的企业家，用奋斗书写了精彩。

当我们看到一个名人的成功时，都不禁会起羡慕之心，但是他们事业的成功，无不是经过奋斗而来。

每当稻盛先生看到经受暴风雨洗礼之后顽强生长的小草，心里总是充满了敬佩之情，它虽然弱小，但是，当暴风雨来临的时候，它总是勇敢地面对，从不退缩，拼搏中透露出一种不屈的神态。此时的我想到自己应该做一株不畏艰险的小草，时刻迎接暴风雨的洗礼，为了人生的希望而奋斗！

正如深邃的夜空星光点点，峻峭的山谷间流过一丝清泉，奋斗让人生获得快乐的满足；让坎坷的人生获得成功的喜悦；让受挫的人生重新斗志昂扬。人生其实就是向着一个个理想奋进，在成功与失败中不断有所收获的过程。如稻盛指出的那样，倘若一切完美无须奋斗，生活便无希望可言。

奋斗是落叶的飞舞，是与风吹雨打的较量，是寒冬蜡梅的风采。人生在于奋斗，奋斗在于成功，它们紧密联系在一起。奋斗因成功而有力，人生因奋斗而精彩。

忠告 5
自我要小，心量要大，以一颗公心活在世上

以谦卑的心修炼自己，帮助别人

伟大的人，尽管功成名就，也往往会保持一颗谦卑的心；越懂得以谦卑的心修炼自己的人，也往往越容易接近成功，越能够从成功走向伟大。

水，它总是向下，向下，可它却流成了江河湖海；山，它总是沉默，沉默，可它却在无言中耸立成一处风景；春很谦卑，它总是在凌厉的冬后悄然而至，可它却温暖了生命，催开了花朵；秋，它总是在喧闹的夏后静静到来，可它却带来了收获，带来了果实。他们都有一个共同的特点——有一颗谦卑的心。

中国有句古话"谦受益"，这是稻盛先生一直信守的格言。他认为，不管我们拥有什么、拥有多少、拥有多久，都只不过是拥有极其渺小的瞬间。无论何时何地，我们永远都应保持一颗谦卑的心。

稻盛先生在经营事业时，一直以谦卑的领导者形象出现在人们面前，在他的领导下创造了一个合作的团队，并引导其走向和谐、长远的成功。

怀着一颗谦卑的心，在香港商界成功人士李嘉诚的身上也得到了很好的体现。

林燕妮曾经开过一家广告公司，一次，林燕妮带着公司的业务员，去李嘉诚的公司联系广告业务。起初，林燕妮认为李嘉诚架子会很大，令他们没有想到的是，提前接受过预约的李嘉诚竟然预先派了穿公司制服的男服务员在地下电梯门口等他们，并且引领他们上楼。

更令他们没有想到的是，来到楼上，他们发现李嘉诚竟然像个服务生一样在那儿等着他们。见到他们到来，李嘉诚谦恭地迎上前来，与他们握手。由于那天下雨，林燕妮的身上被雨水打湿了，李嘉诚见了，便待她脱下外衣后，亲手接过，转身挂在衣帽钩上。

作为一个资产雄厚的企业大老板，面对人微言轻、上门招揽生意的广告公司的小老板，李嘉诚完全可以居高临下，甚至不予理睬，但他并没有这样做，而是亲自迎接，并且为对方挂衣服。作为一个事业有成的人，对待一个名不见经传的内地企业家，他完全可以找一个理由推托，但他没有，仍然恭敬地接待了来者，最让人肃然起敬的是，会面结束后，年过七旬的他竟然亲自将客人送到电梯口，还毕恭毕敬地给客人鞠躬直到电梯门合上。

这看似微不足道的两个细节，彰显了李嘉诚做人、做事的谦卑和细致。这种谦卑心态,发生在这样的成功人士的身上,让我们知道了成功的李嘉诚竟然保持着一颗谦卑的心;而正是这种谦卑,不仅成就了李嘉诚的事业,并且,使他走向事业成功的同时,也让他的人格走向伟大。

谦虚的举止、谦虚的态度是人生中非常重要的资质。稻盛先生曾经说,人们往往会在取得成功、地位上升之后忘记了谦虚,变得傲慢。这个时候,"要谦虚,不要骄傲"就变得更加重要。权力与权威有时会使人道德沦丧、骄矜自大,或以高傲的姿态面对众人。在这种人的领导之下,一个团队或许能获得短暂的成功,但不能持续地成长。

古语有云,"人誉我谦,又增一美;自夸自败,又增一毁"。这句话向我们阐述了谦卑的重要性。谦卑是一种交际态度,是一种人格修为,是一种精神境界。"地低成海,人低成王",稻盛先生和李嘉诚用行动向我们展示了谦卑的魅力,伟大的人,尽管功成名就,也往往会保持一颗谦卑的心;越懂得以谦卑的心修炼自己的人,也往往越容易接近成功,越能够从成功走向伟大。

人人都有善行,才能走向美好的未来

人的内心充满至深至纯的幸福感,不是在满足自我,而是在满足了"他人"的时候,奉献于他人,帮助他人,并不仅仅只是对他人有利,终究还将有利于自己。

一个人,可以没有让旁人惊羡的姿容,也可以忍受简单、朴素的日子,但离开了善心,却足以让他的人生搁浅和褪色。帮助别人,快乐自己，在别人得到帮助的同时，我们自己也得到了满足。

稻盛先生认为，人的内心充满至深至纯的幸福感，不是在满足自我，而是在满足了"他人"的时候，奉献于他人，帮助他人，并不仅仅只是对他人有利，终究还将有利于自己。

这是稻盛先生进行胃癌手术不久经历的一件让他一生都难以忘怀的事，使他在寒冷的冬天感受到了无限的温暖。

1977年9月，稻盛和夫在京都的一个名叫圆福寺的寺院得度，被赐法号"大和"。他原计划6月出家，可就在这之前的体检中，被诊断为胃癌，于是，匆忙进行了手术。术后两个多月过去，他的身体还未完全康复，9月7日，稻盛和夫以俗家之身进入了佛门。

两个多月以后，稻盛入寺庙进行了短期的修行。当时的他因为大病初愈，而且修行相当艰苦，初冬肌寒之时，他头戴竹斗笠，身着青布袈裟，裸脚穿草鞋，站在每家每户门前诵经、请求布施。托钵化缘对稻盛这病后之躯实在是一种极为艰苦之事，虽然从草鞋里露出来的脚趾头被沥青划破渗出了血。但是他还是强忍疼痛行走了大半天，身体像用久的破抹布一样，累得几乎要散架了。

尽管如此，稻盛还是坚持和前辈修行僧一起化缘了好几个小时。黄昏时，他们拖着筋疲力尽的身体、迈着沉重的脚步走在返回寺庙的路上，路过一个公园时发生了一件事。正在打扫公园身着工作服的老婆婆注意到他们一行人，她一只手拿着扫帚一路小跑来到他们跟前，向稻盛的行囊丢进了500日元的硬币。

这一瞬间，一种前所未有的感动贯穿于稻盛的全身，他的心里顿时充满了难以名状的幸福感。

虽然这位老婆婆看上去生活并不富裕，但她却毫不迟疑、也不见丝毫傲慢地给了他们这些修行僧 500 日元。她纯真的美好心灵，是稻盛一生中从未感受到的。通过她自然而然的慈悲行为，稻盛和夫深感触摸到了神佛的爱。

把自我利益置于一旁，首先对他人流露出悲悯之心，老婆婆的这种行为是微不足道的，但在稻盛和夫看来它是人世间思想和行动中的最善最美，这个自然的德行教会了他"利他之心"的精髓。

所谓"利他之心"，佛教里是指"善待他人"的慈悲之心，基督教里是指爱。更简单一点地说，是"奉献于社会，奉献于人类"。这是在人生的道路上，或者像稻盛和夫这样的企业人士在经营公司中不可缺少的关键词。

平时我们说起利他，听起来好像有点过于伟大，其实一点也不。给小孩吃美味的食物，希望看见妻子喜悦的表情；让劳苦一生的父母过得舒适，像这样对周围人的一点体谅、关心就已经是利他的行为了。

不论是为家人工作、帮助朋友、孝敬父母那样细小的利他行为或者一点点延展为为社会、为国家、为世界那样的大规模的利他行为，在本质上是没有差别的，无论是点滴的善心还是伟大的善举，都是拉近人与人的关系，让世界充满爱的一种途径。

人类原本具备希望为社会、为他人做点什么的善良之心，从日常小事做起，不因善小而不为，本着利他的真心，多一点关心，多一点宽容，多一点善行，让我们用爱与善建立起一个充满温暖的世界。

世上没有一个东西是多余的

所有的人都得到上天赋予的作用,各自扮演自己的角色,可以说每个人、每一个事物都有相同的存在的分量。每一个渺小事物都有其存在价值。

在日常的生活中,你是不是经常碰到这样的情况:当你需要某样东西时,想起那是前几天刚刚扔掉的,此时,不免会十分后悔:当初为什么把它随手给扔了出去,现在需要的时候又没办法再找回来了……

想到这里,想起一句话:"世界上的任何东西,不管是大是小,是多是少,是贵是贱,都各有各的用处,不要随便就浪费了。"一滴水,一粒沙,一颗石子,这些看似微不足道的事物都有它们存在的理由,都有它们自身的价值,它们构成了这个完整而丰富多彩的世界。

稻盛先生是一个懂得珍视事物价值的人,在他的工作和日常生活中,不会轻易将一些小小的物品,比如复写纸、大头针、回形针之类的,随手就扔到垃圾桶里去,总是会把它们收起来,放在某一个角落里,当需要时,就不用四处找寻了。当别人有需要时,稻盛就会主动地从抽屉里找出来,及时给他们提供所需。因此,其他人得到"好处"后,就会开玩笑说他是"秘书、收藏家"等。稻盛也幽默地自嘲是"垃圾回收站"。

所有的人都得到上天赋予的作用,各自扮演自己的角色,可以说每个人、每一个事物都有相同的存在分量。每一个渺小事物都有其存在的价值。这是稻盛先生一直秉持的观念。万物皆有所用，不管它看上去卑微得像棵草，还是渺小得像滴水。有这样一个哲理小故事。

有一次，仪山禅师想要洗澡，但是水太热了，于是仪山让弟子打来冷水，倒进澡盆里。

弟子听师父说水的温度已经刚好，就随手倒掉了桶里剩下的冷水。

正在澡盆里的师父眼看弟子倒掉剩水，不禁语重心长地说："世界上的任何东西，不管是大是小，是多是少，是贵是贱，都各有各的用处，不要随便就浪费了。你刚才随手倒掉的剩水，不就可以用来浇灌花草树木吗？这样水得其用，花木草树也眉开眼笑，一举两得，又何乐而不为呢？"

弟子听了师父的教诲后，惭愧地低下了头。

受师父这么一指点，这个弟子从此便心有所悟，取法号为"滴水和尚"。

正如仪山禅师所说：万物皆有所用。即使一个小石头子儿也是构成宇宙必要的、不可或缺的存在，无论多么渺小的东西，如果缺少了它，宇宙本身将不复存在。

一个人，不论你是男是女，是高大的，还是矮小的，长相漂亮的，还是相貌一般的，出生富贵家庭，还是来自穷苦人家……都是社会的一分子，虽然微不足道，只要你充满自信，走出心理的阴影，你一样能在同一片蓝天下，沐浴明媚的阳光，拥有一片美丽的绿洲。

俗话说，"三百六十行，行行出状元"，每一种职业也都有它存在的价值，如果你处在社会的底层，请千万不要自卑，要紧的还是打破偏见，唤起自信，问题不在于别人怎么看，关键还是你的精神面貌如何，在于你自己，怎样按照你的实际，在这个世界上找到自己的一片绿洲、一片天空。

肉体的死去并不意味着个人真的死去

就现代医学的角度，判定死亡有三种定义：呼吸停止、心跳停止及脑活动停止，但这三种定义都只是指肉体上的死亡。即使肉体毁灭，就存在的基本定义来看并非完全毁灭。但是他相信，只要宇宙的意志仍然存在，那么，肉体的死去，并不意味着个人真的已经死亡，还有一种东西可以使一个人得到永生，那就是人的精神。

著名的诗人臧克家在《有的人》一诗中这样写道："有的人活着，他已经死了；有的人死了，他还活着。"的确，在生活中，确实有这样的人，虽然他们已经走到了生命的尽头，但是，他们的精神却影响着我们的生活，成为生活中的一盏指路灯。

稻盛先生认为，就现代医学的角度，判定死亡有三种定义：呼吸停止、心跳停止及脑活动停止，但这三种定义都只是指肉体上的死亡。即使肉体毁灭，就存在的基本定义来看并非完全毁灭。但是他相信，只要宇宙的意志仍然存在，那么，肉体的死去，并不意味着个人真的已经死亡，还有一种东西可以使一个人得到永生，那就是人的精神。

他是深圳著名歌手，每场演出费高达万元，家里却一贫如洗。他只有一个女儿，却是178名贫困孩子的"代理爸爸"。他在10年时间里，参加了400多场义演，捐赠钱物近300万元。

"我叫丛飞,是深圳的一名普通的文艺工作者,也是一名普通的深圳义工。能对社会有所奉献,能对他人有所帮助,我感到很快乐。"无论走到哪里,也无论站在哪个舞台上,丛飞都会使用这段同样的开场白。

丛飞出生在辽宁省盘锦市大洼县田庄台镇一个贫困的家庭,全家8口人唯一的生活来源就是父亲每月36元的收入。贫穷的记忆从小就深深烙在丛飞的心里,由于家里困难,上学勉强上到初二,丛飞就被迫辍学回家。倔强的丛飞不甘心就这么放弃,他认定自己可以通过另外的一种方式获得成功——凭自己洪亮的歌喉实现当歌星的梦想。

丛飞在一次歌唱比赛中过关斩将,最终获得了优秀奖。比赛结束后,一家艺术公司聘用了他,他真正开始了自己的演艺事业。随后的几年中,丛飞的歌唱事业蒸蒸日上,很快就成为一名广受欢迎的歌唱演员。

就在丛飞准备在歌唱事业中大展拳脚之际,无情的病魔却将他击倒了。年仅36岁的丛飞被确诊为晚期胃癌。亲朋好友们被震惊了,然而更让人吃惊的是,作为著名歌手的丛飞,作为中国目前高收入人群的一分子,他竟然连为自己看病的钱都拿不出来。

答案让所有人唏嘘:10年间,丛飞几乎把自己的全部收入都捐给了贫困地区的学生、孤儿和残疾人,各种钱物总计近300万元人民币。

从一次为帮助贫困儿童义演开始,丛飞就踏上了慈善义演和认养贫困失学儿童的爱心之旅。他先后二十多次赴贵州、湖南、四川、山东等贫困山区举行慈善义演,为当地的失学儿童筹集学费。同时,他还先后认养了几十个孤儿及残疾人,不但给他们提供学费,还负责他们的生活费。

随着时间的流逝,丛飞资助的贫困儿童越来越多,曾得到丛飞捐助的贫困儿童达到 183 个之多，这些孩子每次看到丛飞，都亲切地称他为"爸爸"。每当听到这一声声呼唤，即使再苦再累，丛飞也感到无比的幸福。

为了帮助这些孩子丛飞的家俭朴得令人难以置信。丛飞罹患胃癌晚期，而他却把大家捐给他治病的钱拿出 2 万元捎往贵州织金县贫困山区。最后，丛飞还是走了，一个年轻的生命就这样逝去了，但是他的爱心不会因此而消失，会有更多的人加入他的行列，不仅是他资助的那些孩子，所有的人都会记住这样一个响亮的名字——丛飞！

"从看到失学儿童的第一眼到被死神眷顾之前，他把所有的时间都给了那些需要帮助的孩子，没有丝毫保留，甚至不惜向生命借贷，他曾经用舞台构筑课堂，用歌声点亮希望。今天他的歌喉也许不如往昔嘹亮，却赢得了最饱含敬意的喝彩。"这是 2005 年感动中国组委会为丛飞写的颁奖词，饱含着所有人对他的尊敬，他的事迹足以让每个人感动，他的精神将会被更多的人传承下去。

人的一生注定是要忙碌的，我们所生存的环境就意味着我们所表现出来的生活方式——求学、赚钱、结婚、工作、直至死亡。生活是可以改变的，只是我们未曾想过去改变他，固定的生活模式让我们变得平庸、世俗。世上本没有高雅，世俗的人多了，也便有了高雅，在短暂的一生中，除了物质的追求，最重要的是，能给自己保留一点高雅的东西。

"人固有一死，或重于泰山，或轻于鸿毛"，司马迁的一句话道出了人活着的意义。不错，人活着就要活出一种精神，活着就要活出一番风采。

宇宙是无穷的，时间是无尽的，世界是博大的，而生命却是短暂的，每个人都如过眼云烟。在历史的洪流中，我们都如一名步伐匆匆的使者，当生命走向尽头时，我们如何让有限的一生留下永恒的印记呢？那就是：进取做笔，无私为墨，点在博爱之纸上便成就了永世的绝唱！

沉醉在无穷的欲望中才是人生中的大不幸

人们可以满足现实，但是欲望之心，却永远不会让人们在现实生活之下驻足。贪欲让人不断地追求自己的幸福，但是过度沉溺于贪欲的同时不知道吞噬了多少人的幸福。

你拥有多少？你缺少多少？大多数人在听到这个问题时，脑海中首先想到的就是缺少多少，却很少去考虑自己拥有多少。

这是为什么？其实很简单。因为这是每个人都存在的欲望驱使我们只看到"好的"。认为得不到的东西是最好的，是最美的，往往忽略了身边的美景，这便是我们大家都存在的欲望。

欲望，想要得到某种东西或达到某种目的的愿望。稻盛先生在一次演讲中指出，不论眼前是否贫穷、是否罹患病痛，只要下定决心，谁都可以做到让自己的心灵多一些平静，让自己的人格品质和灵性多一些提高。如果一个人的一生都生活在无穷的欲望中，那这无穷的欲望将会是他人生中的大不幸。

格林童话中《渔夫和金鱼》揭示了人性中贪婪的欲望：

海边一个勤劳的渔夫打鱼时，捕到一只神奇的金鱼，在金鱼的恳求下，渔夫把它放了，金鱼以满足渔夫一个愿望来报答他的恩情。渔夫把事情告诉他的妻子后，老太婆首先想要一个木盆，金鱼果然兑现了承诺，但老太婆总是不满足，向小金鱼提出了一个又一个的要求。老太婆无休止的追求变成了贪婪，从最初的清苦，继而拥有辉煌与繁华，最终又回到从前。

这个故事告诉我们，追求好的生活处境没有错，但关键是要适度，过度贪欲的结果必定是一无所获。

人活世上总有各种诱惑，要学会控制欲望，光彩的世界诱惑太多，把持不住自己的心境，放纵欲望，为金钱权力，能得短暂之乐，但是必会后患无穷。

作为社会中的一个人，我们不能没有欲望，但也不能使欲望之心泛滥，应该学会修剪欲望、控制欲望。这是这个故事想要告诉我们的道理。

稻盛先生指出，人们可以满足现实，但是欲望之心，永远不会让人们在现实生活之下驻足。贪欲让人不断地向生活索求，过度沉溺于贪欲的同时不知道吞噬了多少人的幸福。

一般人在遇到经济困难或生病时，心情往往会变得慌乱。然而，如果能及时改变自己的想法，比如，想到"穷有什么关系，三餐还有饭可吃就满足了"，人生观就会遽然改变，生存的勇气也会随之涌现。就像这样，把欲望降到最低，你的生活将会有另一番幸福。

凡事都要先摆脱私心的缠绕

我想没有哪个人喜欢与受罪多交往。既然如此，人人都讨厌受罪，那就行动起来从源头上制止自己犯罪，进而使自己不再受罪。只要人人都能自觉地放下自我的利益，随时随地地为别人着想，为别人创造方便,给别人带去幸福,你就有机会、有能力与忧愁烦恼、活受罪的生活说"再见"。

生活在这个形形色色的世界里,大多数人都会被世俗包围着,很少有人能心无杂念、心静如水。面对生命历程中繁杂的世故人情,每个人不免都会有些私心。但关键是,在自我的做人原则手册里,万不可让私心时时刻刻都缠绕着,否则,生活将会是一条解不开的结,最终会使自己走上穷途末路。

稻盛先生曾在自己的书中写道:我想没有哪个人喜欢与受罪多交往。既然如此,人人都讨厌受罪,那就行动起来从源头上制止自己犯罪,进而使自己不再受罪。只要人人都能自觉地放下自我的利益,随时随地地为别人着想,为别人创造方便,给别人带去幸福,你就有机会、有能力与忧愁烦恼、活受罪的生活说"再见"。

在人生的漫长岁月中,没有谁是十全十美的,所以人总会犯一些错。对于别人的错,我们需要用宽容去化解不愉快,而不是时时刻刻关注着自己的利益,什么都只为自己着想。这就是做人的一个重要原则,要摆脱私心,多为他人想想。让私心缠绕,不仅会给别人带来痛苦,也会给自己制造很多烦恼。

若一个人用私心武装自己,那么他会给自己的生命带来无尽的悲哀。

有这样一个小故事:

在一个美丽的花园里,曾住着一个巨人。巨人很凶恶也很自私,所以没有人敢接近他。后来巨人离开了花园去探望他的朋友,要很久才能回来。自他走了之后,很多小孩子放了学都来花园玩,这是他们向往已久的地方。在这个美丽的花园里,草地柔软得像块绿地毯,花朵星星点点地散布在绿毯上。美丽的桃树绽放出娇嫩的粉色花朵,鸟儿在桃树上唱着春的赞歌。一切都是那么和谐与温馨。孩子们在花园里嬉戏玩耍,感受绿草的清新和花朵的芬芳,聆听鸟儿婉转的歌声。可爱的孩子们都很快乐。

后来,巨人回来了。当看见一群孩子在花园里肆无忌惮地追跑打闹时,巨人很生气。他阴着脸说:"谁容许你们来这里的,以后不许再来。"孩子们都吓坏了,纷纷跑出了花园。巨人自言自语道:"这是我自己的花园,谁都别想占有,只有我可以使用。"后来,为了防止孩子们进来,他在花园四周筑起了高高的墙,并在墙上贴上告示:禁止入内,否则会受到惩罚。他是多么的自私。

巨人总是一个人待在屋子里,时常会感到寂寞。透过窗子,他看到的花园永远都是那么萧条,没有一点生机。春天和夏天不曾到来,虽然秋天曾来光临,却不给他的花园带来丰收。因为秋天也看出了巨人的自私。所以,只有冬天停驻在花园,没完没了地刮风、下雨,还降雪,花园好似冰窖一样。

忽然有一天早上,巨人睁开眼后听到了婉转的鸟鸣声,这是久违了的声音,他不禁从床上坐起来。透过窗,他看到了屋外满园春色,馥郁的花香和淡淡的青草味让他精神顿时振奋起来。和煦的春风温柔地拂过桃花羞涩的脸颊,鸟儿在树枝上叽叽喳喳地唱着,春天终于来了。这时,他看见有几个小孩从高墙下的小洞里偷偷钻了进来,欢乐地奔向了可爱的大树。他们坐在了大树下面,互相打闹。孩子们又回来了,大树随着春风摆动着树枝,花朵也快乐地点着头,小草轻轻地摇晃着身躯,鸟儿兴奋地在大树之间跳来跳去,多么温暖惬意的场景。

巨人冰冻的心慢慢地融解了。他意识到了自己的自私，感到非常后悔。于是他出去和孩子们一起玩耍，并推倒了花园外的墙。更多的孩子加入了他们，一整天大家都很快乐，到了傍晚，孩子们才依依不舍地走了。

就这样，很多年过去了，巨人老了，他不再陪孩子们玩了，总是坐在一边看着孩子们嬉闹，感到很幸福。有一天，巨人看见树上坐着个孩子，便慢慢地走过去，问孩子为什么不下来玩，孩子说："谢谢你给这些可爱的孩子们这么美丽的花园，所以，今天，我也要带你去一个美丽的地方。"巨人在那天晚上就死了，他死在了花园里的一棵树下，身上是美丽的花瓣。

巨人一开始的自私，使孩子们都不愿意亲近他。他的世界只有冬天。后来，他摆脱了私心，把花园敞开，让小孩进来玩耍。最终他得到的也是温暖的春天和无限的快乐。

每个人都希望自己能获得多一点的好处，但是私心贪心也是有大有小的。如果为了私心而做出损人害人的事，那么生命将会是没有意义的。对待任何事情、任何人，都需要摆脱那不必要的私心，善良宽容地和别人相处，这样便会得到他人的喜欢，与此同时，自己也会得到满足和快乐。

凡事都要先摆脱私心的缠绕，学会包容，学会体谅，多一分无私，多一分奉献，那么生活必定会朝着有阳光的地方快乐而幸福地前进。

忠告 6
正视自己的缺点并加以改善，人生的意义就在于不断超越自我

人一旦傲慢必定遭人唾弃

谦虚地学习、谦虚地为人处世、谦虚地面对我们身边所有的人，永远记得你不是最强的，所以要不断努力。这样的思想，是人生精进不可或缺的部分，也只有如此，才有可能缔造不同以往的人生。

"九牛一毫莫自夸，骄傲自满必翻车。历览古今多少事，成由谦逊败由奢。"

在取得一定成绩时，人们常常习惯于自我膨胀，骄傲起来，认为自己是如此出类拔萃，出现飘飘然的想法；自己做到一件事情就认为全世界只有他自己能做到，想到一个什么好点子就认为全世界只有他自己能想到。

一个人无论取得了多大的成就都不应该骄傲，你能做到的，别人也能做到，甚至做得更好；你能想到的，一定也有人想到了，甚至比你想得更完美深远。俗话说"天外有天，人外有人"，你的见解有时候不过是大众心照不宣的共识，你做成的事情对别人来说不过是举手之劳。

稻盛先生认为，谦虚是最重要的人格要素，一个人要学会谦虚，一旦傲慢必定遭人唾弃。

谦虚很重要，这并非只针对成功后骄傲自大的人，而是要求经营者在小企业成长为大企业的整个过程中，始终保持谦虚的态度。

从京瓷还是中小企业的时候起，稻盛就崇尚谦虚。公司经营顺利，规模扩大，人往往会傲慢起来，但他告诫自己，绝对不能忘记"谦虚"二字。

谦虚的举止，谦虚的态度，是人生中非常重要的资质。"满招损，谦受益"，中国历史上狂妄自大，只会纸上谈兵的赵括就自尝了骄傲的苦果。

战国时期，赵国大将赵奢曾以少胜多，大败入侵的秦军，被赵惠文王提拔为上卿。他有一个儿子叫赵括，从小熟读兵书，张口爱谈军事，谈起兵书滔滔不绝，连他父亲也不如他。于是赵括自以为是，觉得自己很了不起，他狂妄地以为自己的军事才能天下无敌。然而赵奢却很替他担忧，认为他不过是纸上谈兵，并且说："将来赵国不用他为将则罢，如果用他为将，他一定会使赵军遭受失败。"

公元前259年，秦军又来犯，赵军在长平（今山西高平市附近）坚持抗敌。那时赵奢已经去世。廉颇负责指挥全军，他年纪虽高，打仗却仍然很有办法，使得秦军无法取胜。

秦国知道拖下去于己不利，就施行了反间计，派人到赵国散布"秦军最害怕赵奢的儿子赵括将军"的话。听了这些流言，赵王上当受骗，便撤掉廉颇，派赵括统帅大军。赵括自认为很会打仗，死搬兵书上的条文，胡乱指挥，到长平后完全改变了廉颇的作战方案，使得赵军被秦军围困，粮食吃光了又没有接应，军心大乱，结果四十多万赵军尽被歼灭，他自己也中箭身亡。

赵括骄傲自大，不重视书本知识的实际运用，最后导致全军覆灭。自那时起，赵国逐渐衰弱，同时赵括在历史上也留下了遭人唾弃的名声。

一个人若是对自己估计得过高，大家对你的认识转变就会使得你和别人之间产生无法逾越的鸿沟，这样下去你会变得不可接近和不可理喻，而大家对于接近你也越来越兴趣缺失，以致骄傲使你推开朋友、疏远他人的不可原谅的错误，最后，你成了孤家寡人，成为一个人人蒙蔽、人人笑话的夜郎国王。

庄子说："吾生也有涯，而知也无涯。"他的话很明确地指出了学无止境的道理。假如你所知的是天上的"一颗星"，那么知识就是整个宇宙，辽阔无边。一个人只有通过不断地学习，不断地进步，成功的大门才会向你打开。因此，我们要时刻保持一颗谦虚的心，千万不能骄傲自大。

稻盛先生曾说，谦虚地学习、谦虚地为人处世、谦虚地面对我们身边所有的人，永远记得你不是最强的，所以要不断努力。秉持这样的思想，是人生精进不可或缺的部分，也只有如此，才有可能缔造不同以往的人生。

你的身边肯定还有比你强的人。收起傲慢的心态，换个角度看每个人都有我们值得学习的地方，每个人都应该是我们仰视的对象，是我们学习的榜样，是促进我们完善自己的良师益友。

承认自己有所欠缺，并从那里出发

任何人都有缺点，人不应该否认自己的缺点，应该接受这个事实、卸下伪装。这样，才能释然地向前迈进，逐步超越自我。

古希腊神话中有这样一个故事：传说普罗米修斯创造了人，但是又在他们每个人的脖子上挂了两只口袋，一只装别人的缺点，另一只装自己的缺点。他把那只装别人缺点的口袋挂在胸前，另一只则挂在背后。因此人们总是能够很快地看见别人的缺点，而自己的缺点却总看不见。

确实，"金无足赤，人无完人"。每个人都有自己的优点和缺点，每个人都不是完人。但是在现实生活中，我们往往喜欢挑剔别人的缺点，却无视自身的缺点。

稻盛先生是一个敢于正视自己缺点的人，他认为，任何人都有缺点，人不应该否认自己的缺点，应该接受这个事实、卸下伪装。这样，才能释然地向前迈进，逐步超越自我。

我们不能总看自己的优点，也要承认自己的缺点，并加以改正，让它成为前进的动力。下面的故事也许能够给我们一些启发。

美国总统罗斯福是历届美国总统中最受人尊敬的一位，他也是一个有缺陷的人，小时候的罗斯福是一个脆弱胆小的学生，在学校课堂里总显露出一种惊惧的表情。他呼吸就好像喘大气一样。如果被喊起来背诵，立即会双腿发抖，嘴唇也颤动不已，回答起来，含含糊糊，吞吞吐吐，然后颓然地坐下来。牙齿的暴露，更使他没有一个好的面孔。

像他这样一个小孩，常会回避同学间的任何活动，不喜欢交朋友，成为一个只知自怜的人。然而，罗斯福虽然有这方面的缺陷，但是他从没有认输，他没有因为同伴对他的嘲笑而失去勇气，因为他有着奋斗的精神，能够正视自己的缺点，缺陷反而促使他更加努力奋斗。他用坚强的意志，咬紧自己的牙床使嘴唇不颤动而克服他的惧怕，他喘气的习惯变成了一种坚定的嘶声。

他逐渐用行动证明，自己可以克服先天的障碍而得到成功。

通过演讲，他学会了如何利用一种假声，掩饰他那无人不知的暴牙，以及他的打桩工人的姿态。虽然他的演讲中并不具有任何惊人之处，但他不会因自己的声音和姿态而遭到失败。他没有洪亮的声音或是威武的姿态，他也不像有些人那样具有惊人的辞令，然而在当时，他却是最有力量的演说家之一。

由于罗斯福没有在缺陷面前退缩和消沉，而是充分、全面地认识自己，在意识到自我缺陷的同时，能正确地评价自己，在顽强之中抗争。不因缺憾而气馁，甚至将其加以利用，变为资本，变为扶梯而登上名誉巅峰。在晚年，已经很少人知道他曾有过严重的缺陷。

罗斯福向我们诠释了一个敢于面对自身缺陷的勇者应有的姿态：一个人要学会充分认识自己，不要面对一点挫折或者困难就退缩，而是要充分、全面地认识自己，在意识到自我缺陷的同时，能正确地评价自己，在顽强之中抗争。不因缺憾而气馁，而是勇敢地承认自己有所不足，甚至学会把自己的缺点转化成发展自己的机会。

人非圣贤，孰能无过。人们在工作、学习、生活中总会存在这样那样的缺点和错误。有的人"闻过则喜"，有面对缺点和失误的勇气，并且努力纠正自己的缺点和错误，从而使自己不断进步，不断完美。有的人"闻过则怒"，像蔡桓公那样，对自己的缺点和错误无改过之意，甚至否认自己存在的问题，结果，缺点和错误越来越严重，最终发展到不可收拾的地步。

俗话说："尺有所短，寸有所长。"一个人有缺点是很平常的事。有缺点、有不足并不可怕，怕的是不承认或者是不敢承认缺点与不足，怕的就是没有正视缺点的勇气，怕的就是不能坚持改正而重蹈覆辙，怕的就是讳疾忌医又明知故犯。只要我们正视缺点，坚决改正缺点，我们总可以找到自己的位置、自己的目标和自己的声音，那么，缺点就成了我们前进的动力，缺点就为我们提供了广阔的进步空间，到那时缺点也就会成为亮点。

在稻盛先生看来，正视自己，需要勇气，更需要行动。一个人若只对自己的缺点、错误停留在表面认识而不去用行动改变时，那么正视自己也失去了意义，因此我们需要敢于承认错误，更需要敢于改正错误。"承认"是前提，改正则是正视自己的核心。有勇气承认，更要有勇气改正，把改正作为一个全新的起点，整装待发。

可以说，人有缺点是绝对的，而改正缺点、不断地改正缺点是相对的，承认自己有所欠缺，并从那里出发，这样你的人生将会迎来新的朝阳！

最伟大的能力就是超越自我

一个人,最伟大的能力就是超越自我,把自我挑战当成一把锐利的刀,智慧地用它去斩除旅程中的荆棘,超越巅峰,超越自己,才能向更远的目标迈进!

生命宛如一条奔腾不息的河流。我们荡着双桨,在生命的长河里不断向前拼搏,流淌着激情澎湃的誓言。而我们拼搏的过程,就是一个突破自我、超越自我的过程。

稻盛先生在一次演讲中指出:一个人,最伟大的能力就是超越自我,把自我挑战当成一把锐利的刀,智慧地用它去斩除旅程中的荆棘,超越巅峰,超越自己,才能向更远的目标迈进!

美国自行车运动员兰斯·阿姆斯特朗,用他曲折而传奇的人生故事感动着我们,向我们诠释了超越自我的巨大力量。他的运动生涯很辉煌,但是最可贵的是他对生命的态度,他克服了癌症,也超越了自我。

1995年7月18日,阿姆斯特朗的队友卡萨特里在完成比利牛斯山一个非常艰苦的爬坡之后,下坡时与一群选手撞到一起,脸部和头部严重受伤,最终不治身亡。好友的意外逝世令阿姆斯特朗悲痛欲绝,他说:"卡萨特里的去世是我最痛苦的回忆,自行车比赛中任何一次失败和失望都无法与此相比。就在他离开我们前一天晚上我们还一起吃了晚饭。"经历了这次事故之后,阿姆斯特朗并没有被困难吓倒,为了自己喜爱的自行车运动,他坚持下来了,并投入了极大的努力和热情。

1996年正值他自行车运动的上升时期，命运却无情地跟他开了个玩笑。他在一次体检中被诊断为睾丸癌！那时没人相信他会活下来，更不用说延续他未竟的运动生涯了。癌细胞在一天天地扩散，阿姆斯特朗也彻底跌入了自己人生的低谷。他不甘心自己就这样一事无成地等待死神的召唤，他需要战胜命运的无情。

经过一年多的治疗，他奇迹般地康复了，又重新回到自己神往的赛场上。

他非但没有因为这场疾病搞垮体能，反而信心倍增，在大赛中的成绩越来越好。一个属于他的时代即将到来。

1999年，也就是他癌症痊愈的第二年，在那个激情似火的夏天，他以一个无名小卒的身份参加了环法自行车赛，并一鸣惊人，夺得当年的环法冠军，并打破原环法最快速度的纪录，取得了成功，可以说，这个冠军是上天给他的一份大礼，这是他敢于挑战挫折，不向命运低头，敢于超越自我，超越极限的结果。

回首那段生不如死的痛苦，阿姆斯特朗并没有抱怨，只是淡淡地说："我的生存已经是个奇迹，活着不仅是为了胜利。"在后来的自传里，阿姆斯特朗曾说："患上癌症，可能是我生命中遇到的最好的事情。因为经历了痛苦，就能使你变得更加坚强，而自行车运动需要坚强。"正是他超人的坚强，使他已经成为大众眼里的"传奇英雄"。

战胜自我，超越极限，是一种勇气和毅力的体现，但是要真正做到战胜自我还要有足够的智慧。要取得成功，只知一味蛮干的莽夫显然是不行的。稻盛先生对玛格丽特·米歇尔的小说《飘》中描写荞麦的一段话记忆犹新："我们不要做小麦，而要做荞麦，小麦在大风过后会被刮断,而荞麦不同,它的体内有足够的水分,在大风吹来之时,能柔韧地弯腰,大风过后,仍能立起,昂起头茂密茁壮地生长。"在追求成功的过程中,我们不可避免地要遇到各种失败和打击,如何能进能退、能屈能伸,便是战胜自我所不可或缺的大智大勇了,人的一大能力就是在逆境中能够运用智慧,超越自我,开辟出一片柳暗花明的新天地。由此可见,信念、勇气、智慧是人们战胜自我、超越极限的三大法宝,追求成功的人们,要不忘带上它们,昂首阔步。

征途的回顾常常会使人发现真理。当你走过一段生命的历程,再回过头来,走近生命的源头,你将会惊奇地发现:它是一座储藏丰富的宝库,有着无穷无尽的能量。千万不要小看自己,因为人有无限的可能,就看你是不是找到了驾驭生命的工具,是不是找到了燃起生命之光的火种。

人生的旅程,有无数的挫折。可是挫折只是生命旅程中小小的插曲,遇到挫折无须惧怕,那正是向自我挑战的好机会。把挑战当指南针,失败当试金石,勇敢地向自己挑战,并战胜自己,超越自我,这样你的人生将会到达一个新的高度。这也是稻盛先生想让我们明白的道理。

人生的成败由我们自己掌控

我们应该始终相信,命运不是上天注定的,每个人都可以改变自己的命运,前提是你必须做一个强者。

稻盛先生提出过这样一个方程式：人生成就＝能力×努力×态度。

对于这个方程式，稻盛先生做出了这样的解释：你的能力——包括健康状况、才能，还有天性——这些大都是天生遗传的。然而，努力的程度则取决于你是否有强烈的愿望。我为能力和努力打分，最低是零分，最高是一百分。若我们完全沉浸于工作中，这两个因素便可以相乘。

因此，能力普通的人，若能清楚自己的缺点，并极力弥补，其表现会比资质过人却不特别努力的人好。

第三个因素就是对生活和工作的态度。这可是成就三因素中最重要的一点——因为态度的分数可能从负一百分到正一百分。假使一个人总是心怀妒忌、愤怒或怨恨，即态度是负分，到头来，这样的人生也就是负的。相对之下，一个人越正面、越坚定，其人生的成就也就越大。

从人生公式可以看出，人生的成败还是由我们自己掌控的。我们所秉承的人生哲学将决定个人或职业生涯能否成功。对事情的态度是影响人生成败的一个重要因素。

工作态度决定事情成败。我们做任何事之前首先都应该学会端正自己的工作态度，应该清楚地认识到事情成败的关键不在于客观因素，而在于我们自身的工作态度。保持一个什么样的态度，是可以自己选择的，只要我们在工作和生活中以积极向上的态度面对困难，不畏惧困难，那就一定能够战胜困难，此时成败也就掌握在我们的手中。

在这个世界上，的确有一种人可以决定你的成败，这个人不是别人，而是你自己。你若想一辈子平庸，那你就要习惯接受失败；你若想使自己变得优秀，那你就要向成功进发，成败只掌握在自己的手中。

我们应该始终相信，命运不是上天注定的，每个人都可以改变自己的命运，前提是你必须做一个强者。

原美国布朗大学校长，现任卡内基基金会主席瓦尔坦·格雷戈瑞安的祖母是个不幸的女人。战争时期，她失去了所有的孩子。虽然命运对她很不公平，但是她从来没有失去信心，因为她始终相信命运掌握在自己手中。祖母经常教导格雷戈瑞安说："孩子，有两件事一定要记牢。第一是命运，那是你无法控制的；第二是你的人生成败，它是在你掌握之中的。"

从出生的那一天开始，我们所称为命运的东西就开始和我们相伴，从不离开左右。我们不能选择父母，不能选择生死。可是我们可以选择活着，就努力地活得精彩。

在这个世界上没有做不到的事，只有想不到的事。只要你能想到，下定决心去做，你就一定能做到，你的命运就能因此而改变。

不要把自己人生的成败交由命运来做决定，一个人的命运并不是天注定的，你可以改变自己的命运，因为你是自己命运的唯一主人。请一定要记住这一点，因为这足以影响和改变你的一生，命运是不能注定一切的，只有我们自己才能。

抽一点时间让自己摇摆的心安静下来

在忙碌的生活中，抽一点时间让自己摇摆的心安静下来，目光时常能观照内心的人，才能找到内心的平静，让思考更深入。

人的一生，在不停地追求、不停地获取，在这个过程中，有太多的无奈，有太多的不如意，每当有不顺心的事时我们就会抱怨自己是多么不幸、多么可怜。其实有时间在一边抱怨，不如静下心来好好想想自己都干了些什么。

心的负荷沉重。有多少往事不堪回首？每天抽出一点时间，让自己澄心静虑，使心灵宁静。当我们的心安静下来时，我们的压力自然就会降低，我们潜在领域里的许多思路与念头，就会有机会取得我们的注意，而让我们有灵光一现或恍然大悟的体会。

稻盛先生认为：在忙碌的生活中，抽一点时间让自己摇摆的心安静下来，目光时常能观照内心的人，才能找到内心的平静，让思考更深入。

当我们受困于某个问题，还没有清晰的解决方案时，聪明的办法是让心境平和下来，就像慢慢地让混浊的水得到沉淀。

心平静下来，好的想法就会浮现，这就是人们常说的"水清鱼自现"的道理。身处在高压力下，我们心灵所达到的实际领域很容易被限制。抽出一点时间，让我们适时地把压力放下，内心得到平静，可以有效地向这一领域做更深广的延伸，看到更远的方向。

当你全力以赴地努力，为自己、为家人而奔波劳累的时候，时间一长，你的心便会慢慢地疲惫。此时，最好的方式就是使疲倦的心休憩一会儿，忙里偷闲，一杯香茗，一卷小书，体味一番古人"宠辱不惊，看庭前花开花落；去留无意，望天空云卷云舒"的惬意。

有一个探险家到南美的丛林中，想要找寻古印加帝国文明的遗迹，于是他雇用了当地的人作为向导及挑夫，因为适应了丛林里的生活，所以当地人的脚力过人，尽管他们背负着笨重的行李，但仍是健步如飞。在整个队伍的行进过程中，总是探险家先喊着需要休息，让所有的当地人停下来等候他。

到了第四天，探险家一早起来，立即催促着打点行李，准备上路。他虽然体力跟不上，但希望能够早一点到达目的地，能够好好地来研究古印加帝国文明的奥秘。不料当地人却拒绝行动，探险家对他们的行为恼怒不已，觉得难以接受他们的做法。

经过详细的沟通，探险家终于了解，当地人自古以来便流传着一项神秘的习俗，在赶路时，他们皆会竭尽所能地拼命向前冲，但每走上三天，便需要休息一天。

探险家感到十分好奇，忍不住问道："为什么在你们的部族中，会留下这样的休息方式？"向导很庄严地回答探险家的问题，探险家听了向导的解释，心中若有所悟，沉思了许久，终于展颜微笑："我想这是我这次旅行中最大的收获。"

向导的回答是："是为了让我们的灵魂，能够追得上我们赶了三天路的疲惫身体。"

掌握工作与休息之间的脉动，是让我们持续拥有无穷动力的宝贵智慧。这是这个故事告诉我们的道理。

应该休息时，则能够完全地放任自我，让疲惫的身心，获得完整的复原机会，好让灵魂得以追得上充满干劲的脚步。

每个人都有过去，这些过去就形成了记忆堆积在心里的角落。一天一天，心里装的越来越多，心儿也越来越重。为何不尝试把过去那些不开心的事情全部舍弃掉，人活在世上有无数个太多。有太多的分分秒秒、太多的瞬间，也有太多的选择、太多的无奈，但这无数个太多的背后，你只能让心去承受沉淀；漫长的人生也是瞬间人生，让心孤独地去感悟吧，也许当心伤痕累累、流尽最后一滴心泪的时候，人生就不再有漫长，也就没有了瞬间！

稻盛先生说"生命是一个不停飘移的过程"，我们所走过的每一个地方，遇到的每一个人，也许都将成为驿站，成为过客。人们一向喜欢追忆，喜欢回顾，喜欢不忘记。蓦然回首却发现，深刻在心里的那些东西早已在我们的时间里化成遗忘，不要让心太累，不要追想太多已不属于自己的人和事，让自己的心有休息的时刻。对于曾经的驿站，只能剪辑，却不该驻足；对于曾经的过客，只能感激，不能强留。生命的脚步只有不停向前，才可能在生命逝去的时候找到自己的心灵归属。

因此，我们每天应该至少用 20～30 分钟的时间，让自己的心平静下来，让压力归零，好好享受宁静的时刻。一刻的宁静，会让我们的思考更深入，对事情有更全面的看法，以开拓更宽阔的人生。

靠争斗才能发展的观点已经过时

人类靠争斗才能发展的观点已经过时，回归"以和为贵"的传统，坚持和平主义的民族才是勇敢民族的发展之道，同时和平的相处方式也是一个人取得事业成功和生活幸福的条件。

鹬蚌相争的寓言故事，相信大家都不陌生：
在一个晴朗的天气里，一只蚌在河边上晒太阳。阳光暖暖地照在它的身上，它觉得舒服极了。

高空中，有一只鹬在盘旋，它早就看到了在晒太阳的蚌，趁蚌不注意，从高空中猛地俯冲下来，把嘴伸进敞开的蚌壳里，就要吃蚌。

蚌受到突然袭击，本能地把蚌壳合了起来，紧紧夹住了鹬的嘴。

鹬说："今天不下雨，明天不下雨，你就会渴死的。"

蚌也不示弱说："今天你不吃东西，明天你不吃东西，你也会饿死的。"

两个谁也不相让，在互相僵持着。

到了中午，太阳火辣辣地照射着大地，两个都渴得要命。

它们两个各不相让，谁也不肯放谁。这时，一个打鱼的老人走过来，一下子就把它们都捉走了。

在这个故事中，鹬和蚌因为彼此不相让，而让渔翁不费吹灰之力一起捉走，互相争斗的结果，只能是两败俱伤，最终等待的只有失败。

在生活中，争斗是一个普遍存在的现象，它随时都可能发生在我们的生活中，这是为什么呢？因为人都有那么一点点的欲望私心，谁都希望自己的生活过得好，过得舒服，过得比别人好。不管是穷人还是富人，欲望一直折磨着我们，一直在影响着我们，许多人都认为，想要得到某种东西，就必须争取，就一定会和别人发生冲突，要是不去和别人争的话，你就完全没有办法获得自己想要的东西。

但是，很多时候，这是因为不必要的争斗，才使我们失去本来可以得到的东西。换句话说，争斗，有时会使我们失去更多。

稻盛先生曾说过：人类靠争斗才能发展的观点已经过时，回归"以和为贵"的传统，坚持和平主义的民族才是勇敢民族的发展之道，同时和平的相处方式也是一个人取得事业成功和生活幸福的条件。

易趣全球副总裁邵亦波认为，初创型企业失败最可能的原因是创始人互相争斗。在一次专栏讨论中，他谈了一下初创型企业失败的最可能原因。他认为，钱花完了、市场发生变化、商业模式不好，这都是其中的几个原因，但不是最主要的。他的经验是，初创型企业失败的最可能原因是创始人互相争斗、最终分家。

邵亦波的第一个创业公司并不是易趣，而是一家做医疗IT的美国公司，当时他22岁。那家公司是他在波士顿咨询集团的老板和他的朋友共同创立的，之后邵亦波被邀请加入公司。公司当时是很有雄心的，他们准备融资数十亿美元、进行多桩并购并进行整合。公司的商业模式当时没问题，现在也没问题，但公司还是最终失败了。原因是什么？很简单，他的老板和他的朋友互相争斗、最终分家。

他们争斗问题的关键是谁持有51%的股份、谁持有49%的股份。邵亦波的老板是这么说的："我为公司做的贡献最大，我当然应该持有51%。"而他的朋友则坚持说："一年前我们说好是一人一半，为什么现在你要食言？"两个人在这个问题上争执了几个月，而故事的结局是他们分家、公司关门，邵亦波则去了哈佛商学院读书。毕业之后，才创立了易趣。

在邵亦波比较熟悉的5家公司中有4家存在创始人互相争斗的情况，对公司业务产生了很大的影响。而在这4家公司里面，有3家公司的争斗是为了股权。3家中的一家公司最终失败了；在其他两家中，他帮助公司解决了他们的争执，最后公司得以存活下来。当然，公司创始人之间难免会有争执。换个角度说，如果创始人在所有问题上都能达成一致，也不是好事。但是不必要的争斗只能使公司走向失败。

　　不管是在事业上还是生活中，当自己的利益与他人利益冲突时，我们应该如何选择，是你争我夺，拼得头破血流，两败俱伤；还是握手和谈，双方和平坐下来，找出一个妥善的解决办法。

　　中国自古以来就有"以和为贵"的传统思想，强调人与人之间、人与自然之间的和谐相处。古今中外的历史表明，没有哪一个国家和地区能够在长期动荡和不稳定之中得到很好的发展。

　　靠争斗才能发展的观点已经过时，和谐上至社会，下到家庭，只有人人都以和为贵，我们的社会才会变得更加安定、更加美好。

忠告 7
成功 = 能力 × 努力 × 态度

没有努力，再好的远见也是空想

努力、努力、再努力，今天的不可能、做不到都会变成明天的我可以、我能行。

稻盛先生曾经多次强调清晰而具体的远见对于人生经营的重要性。好的远见之于人，就像远航时彼岸的灯塔一样，给人以正确的方向，能够引导我们向着成功迈进；它给人以坚持拼搏的信心，它给人以希望，每时每刻都鼓舞着我们朝着更高的目标迈进。

然而，如果没有努力，就算是再好的远见也都是不切实际的空想。建筑师将奇思妙想勾画成美妙绚丽的设计蓝图，如果不付诸努力一砖一瓦地加以建设，那再伟大的设计也只是一纸空谈。

这是一个稻盛和夫在实现他的伟大远见过程中的一个小故事,那时他的京瓷公司还是一个名不见经传的小公司,争做世界一流的企业,努力达到客户苛刻得几乎无法完成的订单要求,但梦想与现实之间的距离,仿佛无法超越。

稻盛和夫在京瓷公司创立之初,就有着一个伟大的远见——要将京瓷发展成为"世界第一大陶瓷公司"。然而,当时京瓷只是一个新兴的中小企业,为了拿到项目,为了把他们的远见变成现实,稻盛和夫经常承担一些被大型企业拒绝的高技术要求的项目。

京瓷公司在第一次接到IBM公司的大量元器件采购订单的时候,公司上下都非常高兴,因为对于当时毫无名气、规模较小的京瓷公司来说,这是一个提高知名度、宣传品牌的绝佳机会。不过,他们没有高兴太久,看到IBM的规格书时,京瓷的员工们表情凝重了起来。一般的规格书仅仅是一张纸而已,而IBM的规格书足足有一本书那么厚,内容详尽而精确,IBM对零件要求的苛刻程度可见一斑。

京瓷公司经过多次试产,都无法达到IBM的精度要求。当他们制成了自认为合格的产品,却还是被IBM贴上不合格产品的标签退了回来。看着费尽心力却被退回的产品,面对消极气馁的员工,稻盛和夫曾经也想过,也许他们真的完成不了。但是想到争做世界一流企业的远见,稻盛和夫认为,他们还要继续努力,要付出百分之百的努力,竭尽所能地、不遗余力地投入,如果做不到这种程度的努力,那么他的远见永远只能存在于脑海中。于是,他鼓舞员工们打起精神,再一次开始了技术攻坚战。

尽管如此,项目进展还是不尽如人意。在公司士气跌入低谷时,稻盛和夫对员工表示，我们一定要"竭尽全力"！至于最终的结果如何，既然已经尽人事，剩下的就听天命好了。

又经过了许多次的努力，他们终于攻克了技术难关，成功制造出了高技术难度的、完全符合标准的精密产品。之后的两年里，京瓷的工厂满负荷运作，订单都在要求的供货期内顺利出厂了。

在欢送最后一辆装满精密产品的卡车离开车间时，稻盛和夫不禁感叹："人类的力量真是难以估计啊！"

在稻盛和夫朝着自己遥远的梦想前进的路途中，还发生了许许多多这样的奋斗故事。但是，从这一个小片段中我们就可以明白，努力、努力、再努力，今天的不可能、做不到都会变成明天的我可以、我能行。

在人生的道路上，没有人能一步就到达成功的终点站。正所谓"锲而不舍，金石可镂"，只有不懈努力，才能达成目标。爱迪生如果不是经过了上千次的试验，那么电灯也只能是他脑中一个虚幻的概念。那些伟大但又遥不可及的远见，只要我们坚持不懈、毫不退缩、一路向前，倾注我们全部的热情与精力，就能使我们的潜能迸发出来，最终完成原本不可思议的任务。

清楚自己的缺点，并极力弥补

第二电信非常清楚自身的缺点，如果不是有克服缺点的勇气，那么第二电信根本不会加入到通信事业的竞争中去；如果不是全力以赴地用足够的热情和干劲儿去弥补缺点，那么第二电信也不会取得成功。

歌德曾说过：一个目光敏锐、见识深刻的人，倘若又能承认自己有局限性，那他就离完人不远了。芸芸众生之中，能够达到或者接近"完人"境界的人，少之又少。人，最难的就是有自知之明，清楚明白地知道自己的缺点、敢于承认自己的缺点，不是一件容易的事。

正所谓"知人者智，自知者明"，想要成为一个明智的人，不是随随便便就能做到的。正确地认识自己难，清楚地认识自己的缺点更难。老话说："金无足赤，人无完人。"我们身上都有优点，也都有缺点。面对缺点，既不能自以为是、无视缺点的存在，也不能畏缩不前，被缺点束住手脚。摆正心态，用一颗平和宽广的心去发现缺点，并努力去克服、去弥补，唯有这样，个人才能进步，社会才能发展。

稻盛先生从不认为自己能力超群，为何能力普通的他能取得常人不能及的成就、能够成为对社会有贡献的人呢？让我们看一看稻盛的计算方法。

稻盛和夫认为：人生·工作的结果 = 思考方式 × 热情 × 能力。

比如，高智商的人可能在能力这一项上可以得到 90 分，但是他骄傲自大、不屑于努力，只有 30 分的热情，两者相乘，只得到 2700 分。

相反，一个人可能资质平平，没有接受过高等教育，在能力上只能勉强达到 60 分的水平，但是他能够认识自己的不足，用认真和努力去弥补，以 90 分的热情投入到工作中，那么，他的得分就是 5400 分，同前者相比，多出了足足一倍的成果。

稻盛和夫一直以这个计算方法作为事业发展的思想基石，用得分高的因素去尽力弥补因为缺点而导致低分的因素，两者相乘，最后的结果未必不好。

1984年，随着通信自由化成为发展趋势，京瓷和其他两家企业都报名参与通信事业。当时的舆论并不看好京瓷，认为京瓷在这三家竞争企业中处于绝对的劣势。因为当时创办的第二电信以京瓷为母体，京瓷本身规模较小，在争夺市场、获取订单方面比较困难；京瓷的管理者稻盛和夫本人又没有通信事业的经验；更重要的是，京瓷没有通信技术的基础，一切都要从零开始，单独开辟自己的通信网络、一步一步地建设基础设施。而其他两家公司只要利用现有的公路和铁路，就能够铺设光缆。然而，第二电信后来却成为这三家企业中最成功的一家。

　　虽然第二电信在硬件上有诸多缺陷，这也没有，那也没有，但是稻盛和夫能够清楚地认识到他们的不足，并用"软件"来弥补——他们以最高的热情和最强烈的愿望投入到这项新事业当中，快速积累了所需要的技术和经验，取得了惊人的成果。

　　第二电信非常清楚自身的缺点，如果不是有克服缺点的勇气，那么第二电信根本不会加入到通信事业的竞争中去；如果不是全力以赴地用足够的热情和干劲儿去弥补缺点，那么第二电信也不会取得成功。

　　我们在工作和日常生活中也是一样，在学业上，如果智商平平，就用汗水来弥补、争取好的成绩；在市场竞争中，如果实力不足，就用诚意去感动客户；在待人接物时，如果不擅言谈，就用行动说明一切。总之，我们首先要有认清自身缺点的诚心和虚心，还要有极力弥补缺点的恒心和决心，能做到这些，成功离我们也就不远了。

反省就是耕耘、整理心灵的庭院

成功者不是完美无缺、不犯错误,而是他们善于、乐于进行深刻的自我反省,他们是不辞辛劳的园丁,不断将杂草和毒苗从精神的庭院中拔出,发现自身的德之缺憾、智之不足,从而总结教训、不断改进,才一步步地迈向了成功。

人类之所以能够不断地修正错误、不断地取得进步、不断地完善自我,是因为人类能够在人生的道路上不断地进行自我反省。稻盛先生年轻时提出的推动事业成功和创造美好人生的"六项精进"中,就提到了"要每天反省"。

正如我们的面庞每天都会蒙上灰尘、天天需要洗脸一样,生活在尘世之中,人的心灵也会沾染污垢,需要自我反省来净化。稻盛先生在很多次演讲中向大家介绍了英国人詹姆斯·艾伦在《原因与结果的法则一书中》所讲的关于反省的道理:

> 人的心灵像庭院。
> 这庭院,既可理智地耕耘,也可放任它荒芜,
> 无论是耕耘还是荒芜,庭院不会空白。
> 如果自己的庭院里没有播种美丽的花草,
> 那么无数杂草的种子必将飞落,
> 茂盛的杂草将占满你的庭院。

出色的园艺师会翻耕庭院，除去杂草，

播种美丽的花草，不断培育。

如果我们想要一个美好的人生，

我们就要翻耕自己心灵的庭院，将不纯的思想一扫而光，

然后栽上清纯的、正确的思想，

并将它培育下去。

稻盛先生说，当年在读到这些话时，不禁感叹："就是这个道理！""反省就是耕耘、整理心灵的庭院"，詹姆斯·艾伦表达所说的这个道理令人顿悟。在心灵的庭院中，我们播种正确的思想就能收获美好的果实，我们播种错误的思想或者管理，那么收获的就是恶果和杂草。

稻盛先生曾说，"要在悔悟中生活"，指的就是每天都真诚地进行自我反省。

稻盛有一个特别的习惯，就是每天面对镜子进行自我反省。

每天早晨，他都会站在盥洗室的镜子前，面对镜中的自己，将前一天的事情如电影镜头一般一一在脑海中回放，回想自己是否有不当的言行，是否表现过傲慢的态度，是否犯了不该犯的错误。

若是有过，他就会对着镜子大声道歉："老天，对不起！"

"很抱歉，我对我的错误态度和行为道歉！"

稻盛的这个习惯已经保持了 30 年。他说，不知道从何时起，只要他在家里的盥洗室中，家人就不会去打扰他。

这就是稻盛先生自创的每日反省法。或许我们每个人反省的方法千差万别，但是，最重要的不是方法，而是我们是否真正明白反省的重

要、是否经常坚持自我反省。

人性总是让我们容易拜倒在金钱和荣耀的脚下,容易屈服于本能的欲望和周围的环境。不论我们取得了多么大的成就,如果不能够坚持自我反省,那么骄傲、自大、虚荣、贪婪这些杂草将侵占我们的心灵庭院,原来所得到的一切都有可能失去,而我们的人生也会偏离正道。

每日的反省,能够帮助我们拔出心灵的杂草,对人格的塑造尤为重要。每天都给自己留出一点时间,静静地反省:今天的工作我是否尽职尽责?面临的机会有没有抓住?待人接物是否坚守诚信?牵扯到小惠小利有没有做到低调忍让?在挫折面前是否坚忍顽强?心态是否良好平和?追求成功的信念有没有过动摇?

就这样自我反省,一旦有了不好的念头、做了不好的事情就立即改正。将自省作为每天的必修课,在每天的自省中,不断修正错误的、巩固正确的;通过反省净化灵魂、磨砺心志、提升人格,将心灵庭院中的杂草一一拔出,播种正确积极的思想和善良的种子,辛勤地耕耘、整理我们的心灵庭院,必将收获满是鲜花的乐园。

态度是消极的,结果亦将为负

企业的经营者,即使身处最难熬的逆境中,也要保持积极的态度。

"态度决定一切"!这是美国著名演说家罗曼·文森特·皮尔的一句名言。态度是一种神奇的力量,它扎根在人的思想深处,左右着我们的每一次选择。如果说人生就是由每一次选择构成的方程式,那么态度最终也决定了人的一生。

积极的态度能够点燃我们内心的希望,激发沉睡的潜能,让我们在面对顺境时保持清醒、不骄不躁,让我们在面临逆境时保持乐观、不气不馁;消极的态度却让我们经不起一点风浪,在困难和不幸面前缴械投降,不思如何解决问题、挣脱苦难,却把时间浪费在悲叹和抱怨上面。

稻盛先生曾多次强调乐观态度的重要性,尤其是企业的经营者,即使身处最难熬的逆境中,也要保持积极的态度。稻盛和夫的这些感悟和他的人生经历有着很大关系,当初,他也是从悲观的人生态度中走出来的呢!

稻盛和夫年轻时的路途走得不太顺利:怕发生什么偏偏发生什么;想做的事情也大多事与愿违。

中学升学考试失败之后,他就感染了结核病。虽然当时结核病已不是绝症,但是他的家族里有两位叔叔和一位婶婶都被结核病夺去了生命,他的家族因此被人称为"结核病家族"。

结核病带来的病痛和死亡,使恐惧和悲伤在他心里久久挥之不去。他非常害怕被感染,当初叔叔在家中疗养时,他总是避之不及,躲得远远的。结果后来,在叔叔身边看护着的父亲没有被感染、对结核病不以为然、认为不会轻易被感染的哥哥也好好的,只有他被感染了。

稻盛和夫想起邻居阿姨送给他的《生命的真相》一书中提到过:"我们内心有个吸引灾难的磁铁。生病是因为有一颗吸引病痛的羸弱的心。"他感到费解:为什么偏偏是自己病了呢?也许真的像书中所说的那样,自己消极的心引来了病痛。

稻盛和夫的结核病好不容易治愈了,终于可以回到学校读书了。可是，战胜了病痛的稻盛并没有从此摆脱失败和挫折的纠缠。满心期待的大学入学考试不及格，没有考入第一志愿的大学。进入了本地的大学之后，成绩一直不错，以为可以找到一份称心的工作，可是，毕业时赶上了经济大萧条，参加多次就业考试，屡战屡败。在大学老师的关照下，他终于在京都的电磁制造厂谋得了一个职位，然而，这个公司简直就是一个烂摊子，说不定什么时候就会倒闭，到期发不出工资是家常便饭，管理公司的家族不但不努力思考让公司起死回生的办法，反而在闹内讧！

"为什么！为什么倒霉的总是我？好事不敲门，坏事却不断。费尽心力进入的公司竟然是这般样子！"稻盛心中的不满和怨恨越来越多。和稻盛同期进入公司的同事们每天都在商量着什么时候辞职。不久，同事们都跳槽离开了，只剩下稻盛一个人留在公司。他也不是没有过离开的念头，只是当初因为恩师的关系才能进入公司，虽然有抱怨、有不满，却不能就这样放弃。

中国有句话叫作"置之死地而后生"，当稻盛跌入了人生低得不能再低的低谷时，他的心态反而有所转变了。他想，与其抱怨时运不济、怀才不遇，还不如好好工作，也许还有改变现状的可能。之后，他的心情豁然开朗，一心一意进行研究，成果有目共睹，随之获得上司的好评。而这些积极的成果推动他更加认真地工作，取得更好的结果，从此稻盛进入了"积极——努力——收获——更积极——更努力——更多收获"的良性循环。

稻盛先生的人生经历告诉我们，命运并没有既定的轨道，不同的态度决定了人生的不同方向，积极的态度能推动人们迈向成功，消极的态度只会使人陷入恶性循环的怪圈。态度生长在我们的思想深处，它影响着我们的思维和判断,控制着我们的情感和行为,牵引着我们的人生方向。在人生的数轴上,消极的态度只会将我们引向负无穷,让我们在"负"的路上越走越远。

事实上,与其扼腕哀叹,不如挽起袖子努力工作;与其抱怨时运不济,不如打起精神、做好准备等待机会的到来。无论何时,保持积极的态度,即使我们一无所有,至少还能以乐观的态度去生活。

永怀乐观向上的心态

> 快乐的心才能使成功到来。即使是在人生的最低谷,也要保持乐观向上的心态,将心中的疑虑、失望、自暴自弃统统清除,坚信只要坚定不移、奋起拼搏,逆境和痛苦终会过去。

稻盛先生相信:我们无法选择出生于什么样的年代,我们也无法改变整个社会和所有人;但是,我们可以选择对待生活的态度,我们可以改变自己的思考方向。佛家有云:物随性转、境由心生。如果一个人心中是快乐的、积极的,那么事物在他眼里都会有美好的形态;如果一个人心里装的是悲观和消极,那么事物也都面貌可恶。

有一个老太太,大家都叫她"哭婆婆",因为她整天都坐在路口哭。

一天,一位禅师路过此地,就问她缘由。老太太告诉禅师:她有两个女儿,一个嫁给了卖鞋的,一个嫁给了卖伞的。晴天的时候,她就想起了卖伞的女儿,担心她的伞会卖不出去,因此伤心而哭;雨天的时候,她又想起卖鞋的女儿,想她的鞋一定不好卖,因此也伤心落泪。所以，不论晴天下雨，她总是哭。

禅师听罢，对婆婆说："你为什么不这样想呢？晴天的时候，你那个卖鞋的女儿生意好；雨天的时候，你卖伞的女儿生意好，不论晴天还是雨天都值得高兴啊！"

听了禅师的一番话，老太太顿悟。从此，街头便有了一个总是乐呵呵的"笑婆婆"。

有时候，事物的好坏其实在于我们内心的想法。就算是半杯水，悲观的人看到了会说：真倒霉，只剩下半杯水了；乐观的人会说：真幸运，居然还有半杯水。

相信每朵乌云都镶有金边，相信风雨过后一定有晴美的天空——这就是乐观。乐观是一种积极的人生态度，它能够让人拥有身处逆境而不抛弃、不放弃的坚定信心和旺盛斗志，让人在纷争杂乱的现实中保持快乐的活力和豁达的心境。

纵观我们周围，但凡有建树的成功人士，无不有着乐观向上的精神。

稻盛在一次记者会上谈及领导者心怀乐观向上态度的重要性。

"领导者的态度对于组织来说极为重要，不管他的态度是消极的还是积极的，都将对组织的生产力、员工、客户和投资方产生直接的影响。领导者必须保持乐观向上的心态，才能坚定继续前进的决心，才有面对危机的勇气。"

"在经济萧条时，领导者的乐观心态就更为重要。以一颗乐观的心去接受现实，并冷静地制定策略去改变现实或者改变被动的局面，相信一定有否极泰来的一天。只有领导者乐观、冷静、沉稳，才能带领整个组织朝着正确的方向走。"

有记者问及稻盛，这种乐观的概念是否可以应用在日常生活中，稻盛引用了作家罗伯特·舒勒在《成功无终结，失败非绝对》一书中的话：

"对人生保持正面的看法是成功的先决条件。"

稻盛先生说，永怀乐观向上的心态、相信人生终将如你所愿，这是很重要的。从期待一个好的结果开始，不是很好吗？

在风云变幻的商海沉浮中，稻盛先生之所以能成为日本乃至世界家喻户晓的经营大师，其中不可缺少的条件就是乐观向上的心态。

这样的例子古今中外不胜枚举。

当年苏轼被贬黄州，仕途失意、路上逢雨，却吟咏徐行，作出一首《定风波》："莫听穿林打叶声，何妨吟啸且徐行。竹杖芒鞋轻胜马，谁怕？一蓑烟雨任平生。料峭春风吹酒醒，微冷，山头斜照却相迎。回首向来萧瑟处，归去，也无风雨也无晴。"这是怎样一种胜败两忘的乐观、笑看风雨的气度！这又是怎样不畏艰难、胸怀激荡的乐观精神。

或许我们很难成为征战商场的企业家，也不能成为名垂青史的伟人，但是只要保持乐观向上的心态，我们就能战胜困难、就能大胆拼搏，成为最成功的自己。

用心渴望的目标才可能达成

内心不渴望的东西，永远不可能靠近自己。你达成的事情都是你曾经在心底里渴望过的；如果没有过渴望，那就即便是能够实现的事情也实现不了。

稻盛先生相信：内心不渴望的东西，永远不可能靠近自己。你达成的事情都是你曾经在心底里渴望过的；如果没有过渴望，那就即便是能够实现的事情也实现不了。

我们在祝福别人做事顺利的时候都会说"心想事成"。所谓"心想事成"，是说我们心里所想的都会成功。这种"想"，就是强烈的渴望。

在我们周围，具备同等的能力也付出了同样的努力，有的人成功了，有的人却没有。其中的差距在哪里呢？有的人说是运气不同，其实更重要的原因是对目标的渴望程度不同。曾有人说："人的能力的唯一限制就是他渴望的程度"。虽然这样说有些绝对，但是其中的道理却是值得我们思考的。

我们每个人都有自己的目标，也希望达成。但是，只是一般的"想"是不够的。很多时候，我们只是想要，而没有告诉自己说一定要；很多时候，我们只是渴望拥有，却没有努力创造；很多时候，我们只是想着"如果能够这样就好了"、只是抱着可有可无的心理，而没有痛下决心不达目标绝不止步。

只有用心渴望的目标才可能达成，只有近乎疯狂的强烈的愿望才能让我们不论何时何地、哪怕是最凄凉、背运的时候也能够守护心中不灭的热情，去努力、再努力。

曾经有一位美国的年轻人，他穷困潦倒，有时候实在揭不开锅了，甚至想过把自己的爱犬卖掉。但就是这样，他仍然坚守着自己的梦想，渴望有一天能够实现。他希望自己能够进入好莱坞拍电影，成为一名出色的演员。

但是，他的试镜总是失利，因为他的眼睑下垂、声音也不够高六。他想，我没有办法改变自己的外形，那么就另寻一条通往梦想的路吧。由此，他开始为自己量身定做剧本，希望通过好的剧本打开梦想的大门。

在一个纠结抑郁的晚上，他满怀心事地换着看电视频道。偶然间转到了一次拳击比赛的直播，他看到了阿里与一位毫无名气的拳击手查克·威普勒对决的画面，灵感瞬间而至！他用了3天时间就写出了新的剧本，并带着新剧本去拜访好莱坞的电影公司。

当时，好莱坞有500家电影公司，他一一拜访，却没有一家公司对他和他的剧本表示出兴趣。面对这百分之百的拒绝，他没有放弃，对梦想的渴望不允许他放弃。他打起精神，又从第一家开始，继续第二轮、第三轮、第四轮的拜访和自我推荐。在遭到了1849次拒绝之后，在第四轮行动的第350次拜访中，电影公司的老板终于答应先看看他的剧本。

几天后，这家公司看中了他的剧本，想要将其拍成电影，条件是让一个更有名气的明星来演男主角，甚至开出了1.8万美金想买断他的剧本，但是他没有被金钱打动，坚持要自己出演。后来这部电影的票房超过了2.25亿美元，一举斩获当年奥斯卡最佳影片和最佳导演奖，成为最大的一匹黑马。

这部电影叫作《洛奇》，这位年轻人就是美国电影巨星席维斯·史泰龙。

史泰龙的成功告诉我们：莫在倦时退场，力量来自渴望！强烈的、近乎疯狂的渴望，能够坚定我们的信念，在我们遭遇挫折时、在我们灰心丧气时给我们前进的力量。

想要达成目标、想要成就事业就不能没有这种强大的力量。我们对目标的渴望必须是每分每秒、无时无刻不在的,要将这种渴望融进我们的血液、浸入我们的骨髓,仿佛呼吸的空气中都是对目标的渴望。

对目标的渴望达到了这种"狂热"的程度,我们身上的雷达就会全面启动,映入眼帘的每件事物、敲击耳膜的每个声音,我们都会将之与渴望着的目标相联系。在派对上远远看到的某个人,能够帮助你达成目标,那么他就成了你全力去接触的人;别人不经意的一句话,其他人听到没有想法,说不定就能给你带来新的灵感。

正如稻盛先生所说的:"绝妙的机会总是在最不起眼之处,只有强烈地渴望自己目标的人才能看得见。"

|职|业|篇|

忠告 1
把工作当作实现人生价值的阶梯

正面思维等于持续的人格提升

正面思维会促使人们以积极、主动、乐观的态度处理事情，使事情向着有利的方向发展。正面思维使人在顺境中脱颖而出，在逆境中更加坚强。正面思维会变不利为有利，变优秀为卓越。

熟悉稻盛和夫的人可能都知道，他曾用一个很经典的方程式表达他的工作观和人生观，这个方程式是：人生·工作的结果＝思考方式×热情×能力。

开创京瓷后不久，稻盛和夫就想出了这个方程式。此后，他一直遵循这个方程式努力工作，在人生道路上乘风破浪。同时，他不仅自己努力实践，而且一有机会就向员工们解释这个方程式是何等重要。

稻盛认为，假使方程式中的思考方式为负，如果不改正，不管你有多少财富，你都不可能有幸福的人生。

要拥有幸福的人生，要把工作做到完美，事业做到最大，就必须具备正面的"思考方式"。只有做到这点，一个人的一生才有可能会在工作上硕果累累，在生活中获得幸福。

人和动物、植物的区别在哪里？心理学之父威廉·詹姆斯曾说过，我们这个时代最伟大的发现就是，人们可以通过改变思考方式来改变自己的生活，而思考方式是人们可挑选的一种选择，我们可以用积极抑或消极的思想对待事物。若非身体机能出现差错，我们都可能自主地选择用哪种思考方式思考问题。

大脑是一个出色的过滤器，但很多员工却不懂得如何使用它。阿兰·彼得森在《更好的家庭》一书中说道，消极思想正影响着我们，人天生容易受到消极思想的影响。在实际工作中，人们不难发现，如果有一个人说一些心灰意冷的话，就极有可能降低整个团队的士气；而真诚的赞美则令人精神鼓舞、斗志昂扬。

纵观职场百态，成功者之所以成功，就是能够将正面的思维运用到工作和生活中，自己树立自己，自己成就自己。

一个精明的荷兰花草商人，千里迢迢从遥远的非洲引进了一种名贵的花卉，培育在自己的花圃里，准备到时候卖个好价钱。对这种名贵花卉，商人爱护备至，许多亲朋好友向他索要，一向慷慨大方的他却连一粒种子也不给。

第一年的春天，他的花开了，花圃里万紫千红，那种名贵的花开得尤其漂亮。第二年的春天，他的这种名贵的花已繁育出了五六千株，但他发现，今年的花没有去年开得好，花朵略小不说，还有一点杂色。到了第三年，名贵的花已经繁育出了上万株，令他沮丧的是，那些花的花朵变得更小，花色也差很多，完全没有了它在非洲时的那种雍容和高贵。当然，他没能靠这些花赚上一大笔。

难道这些花退化了吗？可非洲人年年种养这种花，大面积、年复一年地种植，并没有见过这种花会退化呀。百思不得其解，他便去请教一位植物学家。

植物学家问他："你的邻居种植的也是这种花吗？"他摇摇头说："这种花只有我一个人有，他们的花圃里都是些郁金香、玫瑰、金盏菊之类的普通花卉。"植物学家沉吟了半天说："尽管你的花圃里种满了这种名贵之花，但和你的花圃毗邻的花圃却种植着其他花卉，你的这种名贵之花被风传播了花粉后，又沾上了毗邻花圃里的其他品种的花粉，所以你的名贵之花一年不如一年，越来越不雍容华贵了。"商人问植物学家该怎么办，植物学家说："谁能阻挡住风传播花粉呢？要想使你的名贵之花不失本色，只有一种办法，那就是让你邻居的花圃里也都种上你的这种花。"于是商人把自己的花种分给了自己的邻居。次年春天花开的时候，商人和邻居的花圃几乎成了这种名贵之花的海洋——花色典雅，朵朵流光溢彩，雍容华贵。

这些花一上市，便被抢购一空，商人和他的邻居都发了大财。想要有名贵的花，就必须让自己的邻居也种上同样名贵的花。精神世界也是这样的，一个人想要维持自己品德的高尚，如果不懂得和别人分享，就只能是孤芳自赏，甚至背上自闭与不通事理的骂名。

分享是为了在我们需要时的得到，给自己一个好人缘与和睦的生活、工作环境。在分享中，我们得到的远比分享的多得多。

成功是有顺序的，首先是有一个正面的思维，然后是做法的有效，最后是人格的提升。可以这么说，正面思维是所有成功的起点。在历史故事里、在现实生活中，哪里有成功人士，哪里就有正面思维。

一个企业要和国际接轨，就要和比自己强大的跨国企业竞争，这首先就要求有一个正确的思维，在思想上立于不败之地。首先必须要在软件上战胜竞争对手，充分看到自己的优势和长处，懂得化不利为有利。在迈向成功的道路上，我们比以往任何时候都需要正面思维。

每个员工在职场竞争中求生存发展之道，弱者要变强，强者要更强，必须拥有正面的思维，以这种思维指导自己的工作，在努力工作中会不知不觉地提升自己的人格。然而工作往往压力大，困难多，如逆水行舟，不进则退。其中一些意志不够坚定的员工，容易产生反面的想法。本来可以大有作为，结果仅仅因为没有从正面来思考和处理问题，而与成功失之交臂。

正面思维会促使人们以积极、主动、乐观的态度去处理任何事情，使事情向着有利的方向发展。正面思维使人在顺境中脱颖而出，在逆境中更加坚强。正面思维会变不利为有利，变优秀为卓越。

正面思维在人们日常工作的真正执行中，会被发现更多的力量和价值。卡尔·巴德说过："虽然时光不会倒流，无人能够从头再来，但人人都可以从现在做起，开创全新的未来。"正面思维是一个神奇的魔棒，它能点石成金，帮助每一位员工在职场中搬开绊脚石，披荆斩棘，乘风破浪，并赋予他们一个充满魅力的人格。

以完美为目标就是无止境地追求内心的理想

必须为自己建一座灯塔,为自己将来的路指明方向。做第一个吃螃蟹的人就是意味着没有前人的经验可以借鉴,自己才是竞争中的唯一对手。

"全国杰出青年岗位能手"李素丽曾说过,认真只能把工作做对,用心才能把工作做好。在实际生活中她也是这么做的,在平凡的岗位上,她用尽心力将工作做好,就是在追逐心中的那个理想。其实,人与人智力之间的差别很小,造成人与人之间巨大差距的是努力、用心的程度不同。稻盛和夫就是一直以完美为目标无尽地追求,他坦言,就工作而言,自己是个完美主义者。

在平时的生活当中,要求自己做到事事完美着实困难。但是如果你能把追求完美变成自己的第二天性,事情就变得轻松简单很多。好比发射一颗卫星上天需要非常巨大的能量。然而,一旦卫星走上了它的运行轨道,那么就不需要很大能量便可以维持它的正常运转了。

许多年前,莎莉斯和科利尔还在俄勒冈州的一家大酒店里供职。在工作中他们发现,很多人在旅游之际,不愿意去酒店里的酒吧、赌场、健身房等娱乐场所,也不喜欢看电影、电视,而是静下心来在房间里看书。时常有游客问科利尔:酒店里能不能提供一些世界名著?酒店里没有,爱看小说的科利尔满足了他们。问的人多了,莎莉斯就留心起来。一段时间后,她发现这一消费群体相当庞大。现代社会压力极易让人浮躁，人们强烈地要求释放自己，有的人就去酒吧疯狂，去赌场寻求刺激来发泄，而另一部分人则偏爱寻一方静地让自己远离并躲避一切烦恼与压力，看书是一种最好的方式。开一家专门针对这类人群的旅馆，是否可行呢？莎莉斯在一次闲聊时，把这个想法对科利尔说了。没想到他早就注意到这一现象，两人一拍即合，决定合伙开办一家"小说旅馆"。

为了安静，他们最后选择了纽波特海湾这个偏僻的小镇。他俩集资购买了一幢3层楼房，设客房20套，房间里没有电视机，旅馆内没有酒吧、赌场、健身房，连游泳池都没有。这就是科利尔和莎莉斯所想要达到的效果。在"海明威客房"中，人们可以看到旭日初升的景象，通过房间中一架残旧的打字机及挂在墙壁上的一只羚羊头，人们马上就会想到海明威的小说《老人与海》以及《战地钟声》等里面动人的情节描写，迫不及待地想从"海明威的书架"上翻看这些小说，那种舒适的感觉可以让人终生难忘。所有的故事描述与人物刻画在莎莉斯和科利尔的精心筹划和布置下，都表现在房间里。令人大惑不解的是，他们的旅馆刚投入使用，来此的游客就与日俱增，尽管对这种新颖的旅馆有口碑相传的效应，但稀疏的几个外来人或许自己都没有来得及消化，影响还不至于这么快。

原来，在科利尔和莎莉斯布置旅馆的同时，就早已开始了招徕顾客的工作。既然是小说旅馆，自然顾客群是与书亲近的人。为了方便与顾客接触、交流，他们在俄勒冈州开了一家书店，凡是来书店购书的人都可以获得一份"小说旅馆"——西里维亚·贝奇的介绍和一张开业打折卡。许多人在看了这份附着彩色图片的介绍之后，就被这家奇特的旅馆吸引住了，有的人当即就预订了房间。为了增加客源，莎莉斯还与俄勒冈州的其他书店联系，希望他们在售书时，附上一张"小说旅馆"的介绍。这种全方位、有针对性的出击，为他们赢得了稳定的客源。这种形式一直持续了相当长的时间。随着时间的推移，"小说旅馆"的影响日渐扩大。莎莉斯和科利尔书店生意的兴隆，也显示出了其"小说旅馆"客人的增加。在旅馆的每个房间和庭院里，随处可见阅读小说、静心思考、埋头写作的人，甚至一些大牌演员和编剧也在这里讨论剧本。一些新婚夫妇以住在旅馆中用法国女作家科利特命名的"科利特客房"中度蜜月为荣。

细节影响品质，细节体现品位，细节更显示着人们对完美的追求。

稻盛和夫说，在他所经过的旅途中，每每遭遇巨大苦难，他总是拼命地寻找指引方向的灯塔。但他所处之地是辨不清方向的茫茫大海，不可能找到灯光。他必须为自己建一座灯塔，为自己将来的路指明方向。做第一个吃螃蟹的人就是意味着没有前人的经验可以借鉴，自己才是竞争中的唯一对手。只有领悟到这种境界才可以使自己达到完美的状态。对开拓一片崭新天地的先行者而言，所谓的"更好"或"最好"是与他人比较的结果，而先行者身边没有可以依靠或比较的人选，因此只能做到完美。

无独有偶，我国的著名企业海尔公司的"零缺陷"管理为很多企业树立了典范。"零缺陷"意味着追求产品品质的完美无缺，不能出任何纰漏。他们通过对零缺陷的严格要求，不断地向着整个海尔集团的理想靠近。海尔集团的董事局主席、首席执行官张瑞敏说过，凡是有缺陷的产品，就是废品！只要去过海尔集团参观的人都知道，海尔的展览馆里保存着一把大铁锤，这把大铁锤是海尔发展的"功臣"。而说到这把大铁锤的来历,则要追溯到20世纪80年代。

1985年,张瑞敏刚到海尔,当时的海尔叫作青岛电冰箱总厂。在那个时代,冰箱供不应求,海尔生产出来的所有产品,甚至没有合格的冰箱都能不费吹灰之力地销售一空。1985年4月,张瑞敏收到了来自一位客户的投诉信,说自己购买的海尔冰箱存在质量问题。张瑞敏觉得事情很严重,于是对仓库进行了突击检查,结果发现有76台冰箱存在各种各样的质量缺陷。

在开会讨论该事件的处理办法时,干部们主要有两种意见:一是作为"公关手段",把问题冰箱处理给经常来厂检查的工商局、自来水公司或是电业局的人,借此拉近他们与海尔的关系;二是当作福利,把冰箱处理给对本厂有过贡献的员工。可张瑞敏坚决不同意,他说:我要是同意把这76台有问题的冰箱卖出去,就无异于允许你们明天再生产10倍这样的问题冰箱。

最终,张瑞敏在海尔弄了两个大展览室,将劣质零部件和76台劣质冰箱全部展出,让全厂的员工都前来参观。参观结束后,他把负责生产这些冰箱的员工留下,他自己先拿了一把大铁锤,狠狠地朝一台冰箱砸了下去,把这台冰箱砸得七零八落。接着他把锤子交给责任人,让他们亲手把这76台冰箱全部销毁。

很多当时在场的人都流下了眼泪。当时员工的人均月收入只有40多元钱,而那时的一台冰箱能卖到800多元钱,一台冰箱相当于很多人两年的工资。

尽管那时的海尔还有负债,而且冰箱的价格也很高,其实这些冰箱也没有什么大毛病,有的只是在表面上稍有划痕。张瑞敏出人意料的举动在当时令很多人难以接受和理解。但是，这一锤砸下去的声音砸醒了全体员工陈旧的质量意识，它让员工明白了：在海尔，任何不完美的产品就等于是废品，因为海尔的目标叫作"完美"。没有这一锤，便没有海尔的前途，便没有海尔今天的辉煌。

以完美为目标是一种理念、一种意识、一种作风、一种精神、一种积极对待问题的态度、一种精益求精细致入微的工作模式。完美主义不是一项阶段性的任务，而是一项系统性很强的长期工程。

改变粗放的工作模式，事事力求完美，持之以恒地坚持下去，长期坚持就会形成习惯，良好的习惯就会成为品质，这种品质便会带领着我们无尽地追求自己内心的理想。稻盛指出，完美主义是那只最终决定个人成长和企业发展、成败命运的看不见的手。

付出不亚于任何人的努力

> 每天坚持认真地、不遗余力地工作，应该是做人最基本的、必要的条件。

常常听到有人说："只要付出了，就会有收获"。有句谚语讲得好："一分耕耘，一分收获。"企业经营中最重要的事情莫过于每一天都竭尽全力、拼命工作。这是妇孺皆知的道理。

如果这样问一个人："你努力了吗？"

估计所有的人都会异口同声："是的。"

稻盛和夫经常问许多人："你是否在竭尽全力地工作？"

回答通常是："是的，我在努力工作。"

但稻盛和夫显然对这样的回答不满意，他常常会接着问："你是否付出了不亚于任何人的努力？""你的工作方法是否不亚于任何人？"

稻盛坚信，坚持每天认真地、不遗余力地工作，应该是做人最基本的、必要的条件。"付出不亚于任何人的努力"几乎成了他的一句口头禅。

"付出不亚于任何人的努力"，只有做到这点，才能拥有华丽的人生，才能成功地经营一个企业。做不到这一点，无论企业经营抑或人生的成功，都是纸上谈兵。今年不景气，可能明年也会不景气，不管市场怎样地不景气，工作总要继续，而且要拼命地工作。人们常说，经营战略最重要，经营战术不可少。但是稻盛的观点是，除了拼命工作外，没有第二条路通向成功。

稻盛一直把他的舅舅作为榜样。战后稻盛的舅舅身无分文，只得做个菜贩。他的文化程度不高，不过小学毕业。他每天拉着比自己身体大得多的大板车出摊，冬有三九夏有三伏，无一日例外，也不在意被邻居们嘲笑。他不知道什么是经营，怎样做买卖，更不懂会计知识，但是他的菜铺规模越开越大。直到他晚年，经营都很顺利。此时的学问和能耐都可以忽略不计，埋头苦干给他带来了收成。舅舅的形象一直深深刻在了稻盛的心中，也对他后来创办京瓷起了很大的作用。

仅付出和大多数人一样的努力，基本上是没有什么成功的概率的，不管这努力持续了多长时间。因为这只是做了理所应当的事情，想在激烈的竞争中有骄人的表现，就得付出非同寻常的"不亚于任何人的努力"。

希望在工作中有所建树,就必须持续地付出这种近乎个人极限的努力。如若不肯付出加倍的努力,而想取得成功并维持成功,那绝对是妄想。

初创京瓷之际,稻盛每天全心工作,以至于每天晚上几点回家、几点睡觉,都完全没有概念。

所谓"不亚于任何人的努力",是没有终点、突破极限、永无止境的努力,不是说做到这种程度差不多就可以了。将目标递进,靠的就是这种持续的、无限度的努力。

然而,在这个艰苦困难的过程中,员工们难免会有牢骚和不满:"这样无限度的、不要命的工作,人的血肉之躯能受得了吗?过不了多久,大家都会累倒的。"员工们的确个个满脸的疲惫。

稻盛考虑再三,最终还是狠下心来,说了下面一段话:

"企业经营就好比是参加马拉松比赛。我们是业余团队,没有经过专业的训练。在这样的长距离赛跑中,我们起跑时已经被别人落下了。此时此刻,如果还想继续参加比赛,只有用百米赛跑的速度飞奔才行。当然,很多人认为这样拼命,身体会吃不消。但是,我们在起跑的时候已经晚了,又没有专业的训练,缺乏比赛的经验,不这么做就没有可能会成功。如果不能坚持下来,还不如不参加这次比赛。"

员工们被他说服了。

在资金、技术、设备都严重匮乏的情况下,京瓷又是最后一个加入新型陶瓷行业的企业。考虑到严酷的现实,已经没有从容不迫选样的余地,除了拼命努力之外别无他法。这种不得已的、严酷的、简直不近人情的决断,得到员工们的理解,大家决定共同奋斗渡过难关。

这种努力开花结果了。不到 10 年，京瓷的股票上市了，这是一个关键发展点。

这时的稻盛对员工们说：用百米赛跑的速度挑战马拉松，大家都担心途中有人落伍。但是，一旦以百米的冲刺速度跑起来以后，做事竭尽全力就成为大家共有的习惯，居然一直坚持到今天。在比赛中，大家看到的那些先起跑的团队速度并不算理想。现今最领先的团队已经进入了我们的视野范围，说明我们与第一的距离拉近了。请大家继续努力，全力奔赴，超越他们。

稻盛和夫把这种以短跑的冲刺速度叫板长跑比赛的无限度的努力，叫作"不亚于任何人的努力"。

中等程度的努力太平凡，它的力量不足以让企业或个人获得理想的成果。只有付出"不亚于任何人的努力"才是人生完满和事业有成的王道。

付出"不亚于任何人的努力"乃是自然的机理。不论是动物还是植物都在拼命努力地发展自己以求生存，而只有人类才会贪图安乐、不思进取，认为竭尽所能地工作是在变相虐待自己，但事实绝非如此。

为了自身的生存和发展必须拼命努力，自然界的机理本来就是这样。不努力的植物不存在，因为它们早在竞争中被淘汰出局。动物也是一样，不拼搏则面临灭绝。

付出"不亚于任何人的努力"，这是天地万物的"铁的法则"，人也应如此。

从知识到见识,从见识到胆识

胆识的母亲是勇气。倘若没有排除万难、坚忍不拔、坚持奋斗到底的勇气,一切知识都会灰飞烟灭。没有勇气作支撑的知识是一盘散沙,无用武之地。

关于知识、见识和胆识,字典里的解释是:知识是人们在改造世界的实践中所获得的认识和经验的总和;见识的意思是见闻、知识;胆识的意思是胆量和见识。

知识大部分是书本上得来的,基本上属于理论范围;见识是在知识的基础上有一定的实践;而胆识则是人的能力和魄力,是才华和知识的集合。知识的内容包罗万象,所涉及的范围广泛。见识是平时我们对身边周围社会和事物的观察、思考和积累的程度,是一个人通过参与社会实践所获得的认识和经验的积累。所谓见多识广的多是那些有着丰富经验的人。此外见识还意味着一个人对事物认识的维度,即深度、高度和广度。

在一个钓鱼池旁边,有一群喜欢钓鱼的人正在垂钓。似乎每个人的运气都很不好,没有一条鱼上钩,因此当其中一位M先生钓到一条大鱼时,大家都为他喝彩。而这位M先生表情却非常奇怪,他两手捧着鱼,目测鱼的大小后,竟摇着头将鱼放回鱼池。虽然周围的人都很惊讶,但毕竟这是人家的自由,大家也只好若无其事地继续垂钓。

接着,M先生又钓上一条大鱼,他看了一下又把它放回鱼池里,大家都觉得奇怪。等到第三次M先生钓到一条小鱼时，他才露出笑脸将鱼放进自己的鱼篓里，准备回家。这时有一位老人问他："虽然来这儿钓鱼的人只是为了尽兴，但你的行为令人不可思议。头两次钓上来的大鱼你总是放回水里，而第三次你钓上来的鱼非常小，在任何一个鱼池里都可以钓到，你却非常满意地将它放到鱼篓里，这是为什么呢？"

M先生回答说："因为我家所有的盘子中，最大的盘子只能放这么大的鱼。"

人常常在不知不觉中，以目前仅有的见识来祈求自己所希望得到的东西。人生仅有一次，如果只相信"小盘子"，得到的将会只是一个狭窄的人生。面对人生所谓的"小盘子"，应该发散思维，慢慢将它扩大为"大盘子"，拓展更为宽广的人生。

一个人对事物的洞悉能力和感知能力常常来源于他的见识。常言道，读万卷书不如行万里路，行万里路不如阅人无数，阅人无数不如重叠成功人的脚步。接受教育，不间断地学习，是进行知识积累的过程；把学到的知识直接或间接地在实践中去运用阐释，借鉴正反两方面的经验，遇事多分析、多总结，减少无知的盲目举动和不知所措的愚蠢行为，这就是见识。学习的知识通过实践经历的酿造不断积淀，逐渐厚重起来，那么具有个人风格的见识便于实践中形成了。见识是知识在实践中淬炼的结晶。

胆识是胆量和见识的综合体。无论是在工作中还是生活中，每个人都经受过这样的考验：关键时刻，有没有胆量站在一个崭新的高度，迎接某些原本自己能力达不到的挑战。最后使你坚定并坚持下来的力量，是一种犀利的眼光、坚强的意志，以及明智的选择，这便是胆识。胆识是人的勇气和能力。

所谓"君子"者，即是在任何事态下都能随机应变，如鱼在水中，灵活自如。也就是说，通过修养自身的品行，获得出众的见识，面对任何局面都能将自己的见解实施得来去自如，这一切都需要在行事之前做出万全的准备。

稻盛和夫在日本哲学大家安冈正笃的著作中，对"知识""见识""胆识"有了领悟。稻盛认为，胆识的母亲是勇气。很多人知道这个道理，却在困难面前犹豫踌躇，关键在于他们缺乏勇气作为后盾。过分在意"自我"会导致勇气的丧失。

常言说得好，"读《论语》而不知《论语》"。相信大多数人都聆听过先贤的教诲，也读过圣贤书。然而，仅仅停留在"知"的层面上还不够，应当把知识通过实践提升为见识、把见识通过勇气提升为胆识。

其实杰出者与平庸者的差距，并不简单地在于知识的多寡、专业的优劣，而在于谁的经历丰富，见多识广，遇事不慌，有一种运筹帷幄的胆识和气度，对于任何情况都能应对自如。

为了更好地生活，人们必须掌握各种各样的知识。然而，知识本身是单薄的，几乎承担不起任何的实际作用。必须将知识进一步转化成具有强大实践能力的见识。当然，这还是不够的，必须用真正的勇气把见识打造成不为任何事所动的胆识，这才是成就大事业的支撑点。

有胆量才会有突破，有突破才会有创新。然而倘若没有知识和见识给勇气打底，那勇气只是匹夫之勇或意气用事。而只有知识和见识，那么只能是纸上谈兵。有了知识和见识的勇气才是胆识，"有胆无识狂为勇，有识无胆多空谈"。做一个有胆有识的人，不但要积累知识、增长见识，更要有必胜的勇气和决心，有敢于挑战的胆量。

能带来真正喜悦的是劳动

为了使事业成功、人生充实，勤勉是不可或缺的。勤勉就是指拼命工作，认真、努力、专心致志地工作。通过这样的勤勉，人类就可以获得丰富的精神和厚重的人格。

人生是短暂的，所以快乐地度过生命中的每一天，就显得尤为重要了。那么，怎样才能获得快乐呢？

有人认为，如果能拥有很多的财富就会很快乐。可是假设你真的中了彩票，得到了一大笔钱，足够你玩乐一辈子。这时你就会获得真正的幸福吗？当我们每天无所事事，不做工作，而只去吃喝玩乐，试想这样的生活一直持续，你不会感觉无聊吗？长此以往，你与家庭、朋友的关系也会恶化，因为你已经找不到人生和工作的意义了。

稻盛和夫视工作的喜悦为世界上最大的喜悦。他曾经说："为了使事业成功、人生充实，'勤勉'是不可或缺的。勤勉就是指拼命工作，认真、努力、专心致志地工作。通过这样的勤勉，人类就可以获得丰富的精神和厚重的人格。"

曾经有这样一群年轻人向苏格拉底请教："快乐到底在哪里？"苏格拉底说："你们还是先帮我造一只船吧。"于是这群年轻人把寻找快乐的事情先放在了一边，花了很多努力和心思，用了七七四十九天造成了一条独木船。

这群年轻人把苏格拉底请上船，他们一边合力荡桨，一边齐声放歌。这时苏格拉底问："孩子们，你们快乐吗？"他们齐声回答："快乐极了！"

美国一位作家曾经说过，幸福就像一只蝴蝶，当你追逐它的时候，它会远离你；但是当你静静地坐下来时，它便会悄悄地落在你的肩上。快乐是什么？快乐其实就像一片田地，当我们用自己辛勤的劳动去耕耘时，它才会结出累累硕果。

当我们四处寻找快乐的时候，却没有领悟真正的快乐就在身边简单的工作中。在劳动中，我们可以安下心来齐心协力，努力研究，辛勤劳作。因为工作中足够的聚精会神，以至于许多烦恼都搁置和淡忘了。最终，我们从劳动中获得了最大的喜悦。

在稻盛和夫看来，工作占据我们大部分的生活，专心致志地工作所带来的成就感，这种喜悦是特别的，绝对不是任何其他事物可以代替的。认真、努力地工作，克服痛苦和辛苦后取得成功时的成就感，才是人世间无可替代的喜悦。

"铁人"王进喜率领石油工人开发大庆油田时，面对许多难以想象的困难：没有公路，车辆不足，吃和住都成问题。但王进喜和他的同事下定决心：有条件要上，没有条件创造条件也要上。他们用滚杠加撬杠，靠双手和肩膀，奋战3天3夜，把38米高、22吨重的井架迎着寒风矗立在了荒原。当得知开钻需要的水管还没有接通。王进喜就带领工人到附近的水泡子里破冰取水，硬是用脸盆、水桶，一盆盆、一桶桶地往井场端了50吨水。在他们的艰苦努力下，中国的第一口油井终于建成了。他们感到无比骄傲与自豪。他们乐在嘴上，更乐在心里。

像王进喜这样的劳动楷模，在我们的身边，有太多太多。他们在工作中不怕苦，不怕累。用劳动充实自己的人生，用劳动提升自己的价值，从劳动中获得非凡的喜悦和快乐。

稻盛和夫指出，能真正带来喜悦和快乐的是劳动。如果有人再次问我快乐是什么，我会这样说，快乐是劳动前心中的那份期待与憧憬；快乐是劳动过程中不断克服困难，不断解决问题的那份探索与坚持；快乐是劳动后大汗淋漓的那份畅快。

喜悦和幸福总会从辛苦的彼岸露出它优美的身姿。正如漫漫长夜结束后，曙光就会到来一样。当我们拼命工作之后，自然会发现辛劳的背后隐藏着最大的快乐和欢喜，这就是劳动人生的美好所在。

只图安逸，就是不负责任的倒退

劳动是获得心中快乐的种子。每天认真工作必定会得到巨大的回报：这会让你享受到人生的快乐体会到时间的宝贵。

人这种动物带着一种与生俱来的惰性：如果一味放任，就会贪图安逸，不思进取，躲避挫折和困难。

有这样一个民间故事：

从前有一对勤劳的夫妻，他们每天从早干到晚，就这样过了几年，渐渐富裕起来。但是这对夫妻对唯一的儿子从小溺爱到大，不让他干活，对他百依百顺。父母无微不至的关心却使儿子只贪图眼前的安逸而好吃懒做。时间一长，这对夫妻年老了，他们操劳了大半生的时间，积攒了一笔不小的财富。等老两口去世后,这个儿子和他的妻子只知道吃喝玩乐,不思进取。他们不停地挥霍,着实快活了一阵子。但是坐吃山空,这段神仙般的日子眼看就要结束了。终于,在腊月初八这天,他俩穷得只剩下一碗粥。等待他们的只有寒冷和死亡。

故事中这对懒夫妻的下场其实就是对只图安逸者的最后警告。俗话说得好:"一分耕耘一分收获。"不劳动不工作,而要坐享其成,这在现实的生活中是不可能长久的。

稻盛和夫回忆他青年时期的日本,那时的社会环境要比现在糟糕得多。因为,在那个严酷的时代,不努力工作,根本连饭都吃不上。

那个时候,几乎没有可以供人们选择职业的机会,没有现在这样宽松的环境,人们可以拥有选择自己感兴趣的工作、寻觅适合自己特点的职业的自由。在那个别无选择的时代,人们一般只能子承父业,接替父母继续工作;偶尔有可以就职的机会,就必须得安心做下去。

这些在今天看起来不可思议的情形在当时却是理所应当的。一旦进入某家企业工作,就没有辞职的可能,强大的社会舆论会把你打入深渊。也就是说,在这家企业一直工作是社会的需要,是个人应尽的义务,不管个人愿意还是不愿意。

强迫劳动在现在这个时代已经销声匿迹了。然而,在这个幸福的时代里不好好工作、只贪图舒适安逸、懒懒散散会造成什么样的后果呢?这是个值得我们深省的问题。

安逸和稳定只能带来懒惰的思想,而不能给予人真正的动力和生活乐趣。假设幸运之神眷顾你,让你中了头彩。头彩的奖金足够你玩乐一世。这种喜悦可能会使人快乐一时,但长期无所事事的烦闷会缠绕一世。每天吃喝玩乐，没有目标，不做工作，长期持续这种生活，你不但会觉得无聊无趣，而且毫无长进，甚至会丧失人性中的那些闪光点。日复一日，亲情、友情的关系网会逐渐恶化坏死，将寻找不到生活的快乐和意义。

京瓷公司的股票上市之初，稻盛心中无限感慨，自己赤手空拳创建的公司终于跻身一流企业的行列了。

当时有人说他终于可以好好玩乐，过轻松安逸的生活了，不需要那么拼命努力了。的确有些风险企业的经营者们，通过股票上市，获得了大笔财富。很多人还很年轻，就已经开始考虑退休去过自己的安乐生活。

京瓷公司上市时，稻盛没有抛售他持有的原始股，而发行新股所获得的可观利润归公司所有。当时的稻盛只有30多岁，他思考的是趁上市的机会更加努力工作。稻盛激励员工同心协力加油工作，他认为公司上市不代表着玩乐享受，而意味着肩负着更重大的责任，上市是新的起点，而不是终点。

稻盛和夫认为，劳动是心灵快乐的种子。每天认真工作必定会得到巨大的回报：这会让你享受到人生的快乐，体会到时间的宝贵。快乐和欢喜总是隐藏在拼命工作的背后，正如曙光的颜色从漫漫长夜的尽头露出微笑，这正是劳动人生的美好。

在生命的旅途中，有一架分毫不差的天平，它是获得幸福的不二法门，只有付出了辛勤和汗水，才能得到美好的人生。而贪图安逸只会使天平倾斜，使人生的幸福和成功失重。

忠告 2
努力工作是成就充实人生不可或缺的要义

我们为什么要努力工作

一个人只要理解工作的含义,并能全心全意地投入工作,那么他就能够拥有一个充实幸福的人生。

稻盛和夫认为,现在的时代,正处于一个没有方向感的时代。其原因来自两个方面:一方面,人们找不到明确方向的行动指针;另一方面,人们遇到了许多前所未有的问题,带来了极大的困惑。比如说,整个社会的老龄化,年轻人的比例减少,人口负增长,地球资源枯竭以及环境污染、生态恶化,等等。在这些危机与困惑中,人们的价值观念也产生了巨大的变化,并在变化中产生了一系列的混乱。

人们价值观变化当中最显著的一点就是对于"劳动"观念的扭曲,

以及对于人们赖以为生的"工作"的认识的改变。现代社会，大多数人已经无法对工作目标和意义有一个正确的认识。于是，"劳动是为了什么""为什么要努力工作"这样的问题出现得越来越多。

在当今的时代，有相当一部分人不喜欢自己的工作，讨厌劳动，而且还尽可能地逃避工作责任。这种倾向在明显地滋长。更有甚者把"努力做好自己工作""拼命进行劳动"看得无足轻重。他们嘲笑和轻蔑积极工作的人。

还有很多人热衷于股票市场，寄希望于股票买卖，期待着轻轻松松发大财。许多人创办风险企业，其目的也只是想通过公司上市来募集大量资金。用这些手段把发财当作人生终极目标的人在日益增多。

与此同时，恐惧、排斥劳动的倾向渐渐在社会上占据了主流。

许多年轻人，刚刚一脚踏入社会，就把工作看作苦役，而且认为这种苦役剥夺人性。甚至很多人，选择了啃老，在双亲的庇护下混日子，干脆不去求职、不去工作。还有就是不从事正经职业，靠打零工做兼职填饱肚子。劳动观念、工作意识的改变，导致了无固定工作的自由职业者的增加。

将工作当作不得不做的"必要之恶"，这种想法在当代社会似乎已经成为一种共识。

前驻安巴、纳米比亚大使任小萍女士说，在她的职业生涯中，每一步都是组织上安排的，自己并没有什么自主权。在每一个岗位上，她都有自己的选择，那就是要比别人做得更好。大学毕业那年，她被分到英国大使馆做接线员。在很多人眼里，接线员是一个很没出息的工作，然而任小萍在这个普通的工作岗位上做出了不平凡的业绩。她把使馆所有人的名字、电话、工作范围甚至连他们家属的名字都背得滚瓜烂熟。当有些打电话的人不知道该找谁时,她就会多问几句,尽量帮他(她)准确地找到要找的人。慢慢地,使馆人员有事外出时并不告诉他们的翻译,只是给她打电话,告诉她谁会来电话,请转告什么,等等。不久,有很多公事、私事也开始委托她通知,她成了全面负责的留言点、大秘书。

有一天,英国大使竟然跑到电话间,笑眯眯地表扬她,这可是一件破天荒的事。结果没多久,她就因工作出色而被破格调去给英国某大报记者处做翻译。该报的首席记者是个名气很大的老太太,得过战地勋章,授过勋爵,本事大,脾气大,甚至把前任翻译给赶跑了,刚开始时她也不接受任小萍,看不上她的资历,后来才勉强同意一试。结果一年后,老太太逢人就说:"我的翻译比你的好上10倍。"不久,工作出色的任小萍又被破例调到美国驻华联络处,她干得同样出色,不久即获外交部嘉奖。

当你在为公司工作时,无论老板把你安排在哪个位置上,都不要轻视自己的工作,都要担负起工作的责任来。那些在工作中推三阻四,寻找各种借口为自己开脱的人,对这也不满意、那也不满意的人,往往是职场的被动者,他们即使工作一辈子也不会有出色的业绩。

很多人都希望工作又轻松而且赚钱又多。这些人都是抱着心里不愿意工作,但因为要糊口又不得不做的心态。这样的心态怎么能做好工作呢?不愿意受工作环境的束缚,只重视私人生活的空间,只对个人感兴趣的事情投入精力,这样的生活方式,在当今时代的背景下,早已是司空见惯了。

安妮是一家跨国公司办公室的打字员。有一天中午，同事们都出去吃饭了，只有她一个人还留在办公室里收拾东西。这时，一个董事经过她所在的部门时，停了下来，想找一些信件。这并不是安妮分内的工作，但是她回答："尽管对这些信件我一无所知，但是，我会尽快帮您找到它们，并将它们放到您的办公室里。"当她将董事所需要的东西放在他的办公桌上时，这位董事显得格外高兴。4个星期后，在一次公司的管理会议上，有一个更高职位的空缺。总裁征求这位董事的意见，此时，他想起了那位打字员——安妮。于是，他推荐了她，安妮的职位一下子升了两级。

稻盛和夫认为，人难得到世上走一遭，如果就这样马虎度过，也就失去了人生的意义。稻盛和夫通过自己多年来对工作的实践体验和思考得出的结论：一个人只要理解工作的含义，并全心全意地投入工作，那么他就能够拥有充实幸福的人生。劳动和工作可以给人生带来巨大的喜悦和收获。

工作是值得推崇的行为

工作是一种非常值得推崇的行为：它能够铸造人格、磨砺心志，是人生最尊贵、最重要、最有价值的。

人为什么要工作？相信大多数人都会认为，工作的目的是获得生活的食粮。他们觉得，劳动的价值是为了吃饭而获取报酬，这也是工作的首要意义。

当然，为了获得维持生活的报酬，是工作的重要理由之一，这无可厚非。然而，人们拼命努力工作，难道说仅仅是为了吃饭这一目的吗？

曾任美国总统的亨利·威尔逊出生在一个贫苦的家庭，当他还在摇篮里牙牙学语的时候，贫穷就已经冲击着这个家庭。威尔逊10岁的时候就离开了家，在外面当了11年的学徒工。这期间，他每年只有一个月时间到学校去接受教育。

经过11年的艰辛工作之后，他终于得到了一头牛和六只绵羊作为报酬。他把它们换成了84美元。他知道钱来得很艰难，所以绝不浪费，他从来没有在玩乐上花过一分钱，每个美分都要精打细算才花出去。在他21岁之前，他已经设法读了1000本书——这对一个农场里的学徒来说，是多么艰巨的任务呀！在离开农场之后，他徒步到150千米之外的马萨诸塞州的内蒂克去学习皮匠手艺。他风尘仆仆地经过了波士顿，在那里他看了邦克希尔纪念碑和其他历史名胜。整个旅行他只花了1美元6美分。

他在度过了21岁生日后的第一个月，就带着一队人马进入了人迹罕至的大森林，在那里采伐原木。威尔逊每天都是在东方刚刚翻起鱼肚白之前起床，然后就一直辛勤地工作到星星出来为止。在一个月夜以继日的辛劳努力之后，他获得了6美元的报酬。

在这样的穷困境遇中，威尔逊下定决心，不让任何一个发展自我、提升自我的机会溜走。很少有人像他一样深刻地理解闲暇时光的价值，他像抓住黄金一样紧紧地抓住了零星的时间，不让一分一秒无所作为地从指缝间白白流走。12年之后，这个从小在穷困中长大的孩子在政界脱颖而出，进入了国会，开始了他的政治生涯。

对于一个人的发展与成长，天赋、环境、机遇、学识等外部因素固然重要，但更重要的是自身的勤奋与努力。没有自身的勤奋，就算是天资奇佳的雄鹰也只能空振双翅；有了勤奋的精神，就算是行动迟缓的蜗牛也能雄踞塔顶，观千山暮雪，渺万里层云。成功不能单纯依靠能力和智慧，更要靠每一个人自身孜孜不倦地勤奋工作。

工作的意义，正在于此。日复一日勤奋地劳作，是所谓"精进"，可以达到锻炼我们的心志、提升人格的作用。稻盛和夫曾谈到，他在一个电视访谈类节目中看到主持人采访一位木匠师傅。这位木匠师傅所说的话，很令人感动。

令人难以置信的是这位木匠师傅说：树木里居住着生命。工作时必须倾听这树木中生命发出的呼声……在使用千年树龄的木材时，我们须以精湛的工作态度来对待，因为我们的技艺必须像有着千年树龄的树木一样，要经得起千年岁月的考验。

这种动人心魄的话出自一个平凡木匠之口，但是，这种话只有终身努力、埋头于工作的人才能说出来。

木匠工作的意义是什么呢？它的意义不在于使用工具去建造美轮美奂的房屋，不在于不断提高木工技术和工艺，而更在于磨炼人的心志，铸造人的灵魂。这是稻盛和夫从这位令人肃然起敬的木匠师傅的肺腑之言中听出的深刻意蕴。

这位木匠师傅年逾七十，只有小学毕业的他几十年间从事着木匠这项工作，辛苦劳累。其间他也曾经感到厌烦，甚至有时也想辞职不干，但他还是坚持了下来，几十年如一日地承受和克服了这种种劳苦，勤奋工作，潜心钻研。像这样将自己的一生奉献给一种职业，在埋头工作的过程中，他逐渐塑造出了厚重的人格。孜孜不倦的他在经历了一生的劳苦和磨难后，才用自己的体会道出了如此语重心长、警醒世人的智慧话语。

像这位可敬的木匠师傅一样，将自己的一生奉献给一项职业，埋头苦干，这样的人最有动人心弦的魅力，也最能打动人。稻盛和夫曾经说过，工作是对万病都有疗效的灵丹妙药，通过工作可以克服种种艰难险阻，让自己的人生命运时来运转。将自己的工作当作信仰，把劳动看得高贵神圣，是值得推崇的。

人生是由种种苦难构成的。虽然苦难既不是我们希望的，也不由我们控制。但意想不到的苦难却常常不期而至。灾难和不幸接踵而至，不停地打击我们，折磨我们。在这个过程中，我们不由得为自己的命运而萌生出怨恨的心情，甚至心灰意冷，稍一松懈便被苦难所打败。

然而一种巨大的能量却在"工作"中潜伏着，它可以帮助你战胜人生中的种种磨难，给处于危机的人生带来美好的憧憬和希望。稻盛用自己的亲身经历验证了这个真理。

工作能够强大一个人的内心，帮助人克服人生的种种磨难，让命运获得转机。只有通过长期坚持不懈的工作，不断磨砺心志，才会具备厚重充实的人格，在生活中像大树而不是芦苇，做到沉稳而不摇摆。

生活在现代的年轻人，承担着人们对未来的希望以及创造未来的重任，在工作中不可好逸恶劳，不要逃避困难。秉着一颗纯真自然的心，全身心地投入到工作当中去，是接近成功以及磨砺心志的最好方法。

当心存疑惑工作到底是为了什么时，稻盛和夫希望我们记住下面这句话：

工作是一种非常值得推崇的行为，它能够铸造人格、磨砺心志，是人生最尊贵、最重要、最有价值的。

劳动的意义重在完善人的内心

凡是功成名遂的人，毫无例外地，都是不懈努力，历尽艰辛，埋头于自己的事业，才取得了巨大成功。通过艰苦卓绝的努力，在成就伟大功绩的同时，他们也造就了自己完美的人格。

稻盛和夫认为：想活得好，就要干得好，这一点非常重要。

可以这样说：人们通过每天的日常工作提升心智、砥砺人格的"修行"。

稻盛回忆，大约在10年前，和一位德国领事谈话时，那位领事说过让他至今难忘的话：劳动的意义不单单在于追求工作成绩，更在乎于完善一个人的内心。

工作最重要的目的在于，通过每天的工作来不断磨砺自己的心智、提升自己的品格。也就是说，一个人应该全身心投入当下自己应该做的事情中去，全神贯注，精益求精。将人的心灵比作一块土地，这样全心工作就是在耕耘心灵的土地，深沉厚重的人格将成为最宝贵的收获。

亨利的父亲过世了，他还有一个两岁大的妹妹，母亲为了这个家整日操劳，但是赚的钱却难以维持家庭生计。看着母亲日渐憔悴的样子，亨利决定帮妈妈赚钱养家，因为他已经长大了，应该为这个家贡献自己的力量了。

一天，他帮助一位先生找到了丢失的笔记本，那位先生为了答谢他，给了他1美元。亨利用这1美元买了3把鞋刷和1盒鞋油，还自己动手做了个木头箱子。带着这些工具，他来到了街上，每当他看见皮鞋上全是灰尘的路人的时候，就对那位先生说："先生，我想您的鞋需要擦油了，让我来为您效劳吧？"

他对所有的人都是那样有礼貌，语气是那么真诚，以至于每一个听他说话的人都愿意让这样一个懂礼貌的孩子为自己的鞋擦油。他们实在不愿意让一个可怜的孩子感到失望，他们知道这个孩子肯定是一个懂事的孩子，面对这么懂事的孩子，怎么忍心拒绝呢！

就这样，第一天他就带回家50美分，他用这些钱买了一些食品。他知道，从此以后每一个人都不需要再挨饿了，母亲也不用像以前那样操劳了，这是他能办到的。

当母亲看到他背着擦鞋箱，带回来食品的时候，她流下了高兴的泪水，"你真的长大了，亨利。我不能赚足够的钱让你们过得更好，但是我现在相信我们将来可以过得更好。"妈妈说。

就这样，亨利白天工作，晚上去学校上课。他赚的钱不仅为自己交了学费，还足够维持母亲和小妹妹的生活了。

劳动能塑造一个人的品格。通过每一天认真、努力、踏实的工作，逐步完善自己独立、诚实、优秀的人格。这样的事例无论是古代还是现代，无论是东方还是西方，都多得不胜枚举。翻开伟人们的传记，随处可见这样的事例。

有一个未开化的部落村庄，在遥远的南太平洋新不列颠岛上。"劳动是美德"是那里的人们普遍认同的一个观点。基于这个朴素的共识，在他们的生活中流露着一种纯朴自然的劳动观:"美好的心灵能产生美好的工作","美丽心灵是认真劳动塑造出来的"。在这个村落里,烧荒农业是村民们的主要劳动内容,甘薯是他们的口粮。

在那个与世隔绝的地方,根本不存在现在社会中"工作是苦役"的消极观念。"工作可以得到的美的成果"和"人格的熏陶",是当地所有村民们劳作追求的崇高目标。换句话就是说,要把工作做得尽善尽美,并以这种方式来磨砺自己的人格。

村民们互相评价各自土地的整修状况、作物的生长情况,还有泥土的气息。泥土气味芬芳好闻的被称赞为"丰登",气味混浊难闻的则被贬低为"不毛"。

通过这样一种评估,最终被称为"人格高尚的人"是那些田地耕作得整齐细致的人。当然这些人会得到全村人的称赞和尊重。

换句话就是说,这个村子里的村民们是通过每个人的劳动成果:田地耕种得是否整齐,作物的长势是否良好,来评判一个人的人格优劣。那些在田间工作努力出色、工作成果卓著的人,就是具有高尚人格的人。

对这个村子的村民们来说,劳动不仅是获取生活食粮的手段,更为重要的是:田间劳动又是他们磨炼心志、砥砺人格的途径。"出色的工作只有出色的人才能够完成",在原始社会中这样朴实却恳切的劳动观普遍存在。

而在给人类带来近代文明之光的西方社会里,"劳动乃是苦役"这个观点相当普及。

一些人认为劳动本是一种充满厌恶、让人痛苦但又无法摆脱的无趣的事情。因而人们产生了近代的劳动观：应该尽可能缩短工作时间，并且尽可能增加工作报酬。

稻盛指出，在日本本来并不存在这样的劳动观。而且，在还没有进入现代社会的日本，人们无论从事哪种职业，总是从早到晚辛勤地工作，并以此为荣。他们认为，劳动能带来成就感、兴奋感、充实感、自豪感，并能让人明白生活的价值和意义，劳动是尊贵的行为，尽管劳动本身十分辛苦。

比如说，有很多心灵手巧的工匠，他们潜心提高技能，打造出令人愉悦的产品，他们的内心就会感到有一种说不出的喜悦和成就感。原因在于他们把劳动看作实现自身价值、完善个人人格的道场。他们认为劳动是一种修行，这种修行既能锻炼技能又能磨炼心志，一举两得。可以这么说，曾经很多日本人都是以这种有深度的、正确的劳动观和人生观来指导自己的工作和生活。

但不幸的是，随着社会逐步发展，日本人的劳动观却发生了天翻地覆的变化。许多日本人把劳动单纯地看作一项苦役，甚至产生了厌烦劳动、厌恶工作的心理。其实，正如稻盛指出的那样，劳动不单单是为了获得维持生活的食粮，更是完善内心的一种途径。

工作是"包治百病的良方"

工作是增添生命味道的食盐，工作是奠定幸福的基础。要想在工作中取得好成绩，首先要热爱自己的工作。当你迷恋工作的时候，工作才能给予你最大的恩惠、让你获得丰硕的果实。

人的生命只有一次，生命的目标就是自我的完全展示，而工作正好提供了这样的舞台。当我们全力专注于一个方向，并真正为其付出心血，才能使我们最大限度地展现自己的才能。就像高山之流水，没有分支才会走得更远。工作也是一样，我们要试着去迷恋工作，热爱工作。当我们专心致志地工作，就会不经意地忘却身边的烦恼，忘记身上的苦痛，从这个角度来讲，工作也是包治百病的良方。

松下幸之助认为工作是快乐之源，"在工作中我经常提醒自己，每份工作都蕴含着独特的美感，如简约之美、和谐之美、速度之美等，而我的任务仅仅是把美感发掘出来而已；别忘了，美的事物永远让人感到舒畅快乐。"

当然不是每个人都能像松下幸之助那样从事自己喜爱的工作，稻盛和夫告诫年轻人，要想拥有一个充实的人生，你只有两种选择：一种是"从事自己喜欢的工作"，另一种则是"让自己喜欢上工作"。一个人能够从事自己喜欢的工作的概率，恐怕不足"千分之一"。而且，即使进了自己所期望的公司，也很少有机会从事自己喜欢的职业。这就要求我们这些初出茅庐的年轻人，从"自己不喜欢的工作"开始。

那些热爱他们各自技艺的人都在工作中忙得筋疲力尽，他们没有洗浴，没有食物；而你对你的本性的尊重甚至还不如杂耍艺人尊重杂耍技艺、舞蹈家尊重舞蹈技艺、聚财者尊重他的金钱，或者虚荣者尊重他小小的光荣。这些人，当他们对一件事怀有一种强烈的爱好时，宁肯不吃不睡也要完善他们所关心的事。

比尔·盖茨考入哈佛大学之后，由于对计算机的热爱，他选择了退学，进入计算机行业。这种热爱和全身心的投入使他一跃成了世界巨富。即使钱财无数，比尔·盖茨最感兴趣的是他的事业，他每周的工作时间都在60～80个小时，他的生活极其忙碌，三天不睡觉对他来说如同家常便饭。据一位朋友说，他通常36个小时不睡觉，然后倒头睡上十来个小时。以至于微软公司里的一名资深女职员在私底下抱怨说："当你看到盖茨时，总忍不住感到疑惑，昨晚他睡在哪里？办公室？"你总想走上前去问他："嗨，盖茨，我不知你是否每天淋浴，如果是，为啥不顺便洗洗头？"正是在比尔·盖茨的强烈感召下，忙碌工作成了微软的作风。一名程序员说："你身处这样一个环境，周围的人都是这样刻苦，连掌管这个公司的人也是如此，那么你也不得不如此。"在最繁忙的阶段，甚至有人把睡袋放进工作室，整整一个月足不出户。当然这种忙碌也是有回报的，在微软公司，已有200多名员工成了百万富翁。

生活就像一面镜子，你对他笑，他也朝你笑；你对他哭，他也朝你哭。当我们不喜欢工作，抱着勉强接受、不得不干的消极态度时，你就会经常牢骚满腹，那么很多潜力你也不会去挖掘，前程似锦的人生就会被虚度。

在稻盛和夫看来，无论如何我们都必须喜欢上自己的工作。当我们把"被分配的工作"当成自己的天职，当成自己的意愿时，就不会再把困难当苦难，相反，我们自然而然地就会获得无尽的动力去埋头苦干，做出成果。而一旦有了成果，就会获得大家的赏识和好评，这样你就会更加喜欢工作了。如此反复，良性循环就开始了。

20岁那年的亨利·福特积极投入体育锻炼，擅长滑冰滑雪，还热衷于高尔夫球、网球、羽毛球、篮球和排球。他几乎每天都坚持跑步。还着手建立一家网球场建设公司，在大家看来，亨利过着健康而又快乐的生活。

可是命运无常，就在亨利离结婚之日还有五周的一个晚上，他在去犹他州的路上发生了车祸事故，当他被救护车送到医院的时候，医生说他的腿脚、腹肌、腰肌、胳膊和手都严重受损，以后不能再工作了，而且余生还要完全依靠他人喂食、穿衣和行走。这意味着亨利·福特再也无法参加任何种类的竞技和体育活动了。这无异于给他的人生宣判了死刑。

躺在拉斯维加斯医院的病床上，亨利既担心又害怕，他为自己的前途和生活感到迷茫。这时他的母亲对他说道："艾特，当困苦姗姗而来之时，超越它们会更余味悠长，相信明天会好起来的。"

对运动事业无比热爱的亨利，一直铭记着母亲的话语，他不轻信周围人包括医学专家的丧气之辞。他开始试着去做一切他想做的事情，他是第一个参加滑翔跳伞的四肢瘫痪者。他还学着滑雪，更难以置信的是，他甚至参加了10千米轮椅竞赛和马拉松。

1993年7月10日，亨利用了7天时间跑完了从犹他州的盐湖城到圣乔治城之间32英里的路程。此举在世界瘫痪病人中属首次。

现在的亨利拥有了一家公司，是一名专业评论员，还写了一本书《奇迹如此发生》。

在旁人看来，四肢瘫痪的人是无法完成任何一种竞技比赛的，如同大家觉得艰苦的工作让人无法忍受一样，但其实不然，亨利用自己的行动告诉我们，如果你真的迷恋这个工作、热爱这个工作，那你就能够承受工作中的一切磨炼。经过的道路是艰苦而又坎坷不平的。可是，无论如何，那是一条美好的道路。在那条路上，一步一个血迹，也是值得的。

稻盛和夫认为，工作是增添生命味道的食盐，工作是奠定幸福的基础。要想在工作中取得好成绩，首先要热爱自己的工作。当你迷恋工作的时候，工作才能给予你最大的恩惠、让你获得丰硕的果实。

我们劳苦的最高报酬，不在于我们所获得的，而在于我们会因此成为什么。洛克菲勒说过，如果你视工作为一种乐趣，人生就是天堂；如果你视工作为一种义务，人生就是地狱。所以当我们赋予工作意义，不论工作大小，你都会感到快乐，自我设定的成绩不论高低，都会使人对工作产生乐趣。如果你不喜欢做的话，任何简单的事都会变得困难、无趣。

乍看是不幸，实际是幸事

苦难是一只驶向成功的船，当风暴来临时，别害怕，扬起帆，直面那滔天的海浪、搏击那汹涌的激流吧。

人生不如意事十之八九。生活本是一种承受，人若学会正确对待不幸，那么你所遭受的也许正是你的福气。稻盛和夫曾说过，乍看的不幸，实际是幸事。

看过著名油画大师梵·高故居的人都知道，那里有的只是裂开的木床和破皮鞋。梵·高一生潦倒困苦，没有娶妻，但也许正是生活上的困窘，帮他完成了在艺术上的壮举，使他成为大师中的大师，使他的作品成为经典中的经典。

就人生而言，不幸是个不请自来的不速之客。不幸是根弹簧，我们若向他屈服了，它不会优待战俘，反而使我们落魄潦倒，甚至在绝望和恐惧中逼迫我们一步步靠近灭亡；如果我们不臣服于它，反而会变得更坚强、更勇敢。

中国宇航员费俊龙、聂海胜乘"神六"成功飞天，这是令全体中国人振奋的消息。然而，谁又知道，飞天英雄费俊龙小时候的生活多么窘迫。他曾为了求学不得不步行到离家十几里远的学校去上学，并且坚持了十几年之久。费俊龙从小就怀揣着飞天的梦想，如今心想事成，美梦成真，然而，个中滋味，只有用心才能体会。

世界上没有完美无缺的东西，不幸便是人生完璧中的瑕疵。其实不完美才是一种美，在不断的争取中，不断地承受失败与挫折时，才能发现快乐。稻盛和夫在青年时代，曾经在没有选择的情况下进入了当时一个很不景气的公司上班，拖欠工资是家常便饭。他也曾为此失落过，然而，就在那样一种环境下，稻盛倾注心血在试验研究上，取得了一个又一个可喜的成果。他对工作的态度也有了180度的大转弯，从厌恶到喜爱。这为他日后的成功打下了基础。

风雨对于温室里的花朵而言绝对是灭顶之灾，不幸对于幸运儿而言无疑是致命的打击，毫无力量去抗拒、去迎击。因为幸运儿习惯了没有挫折和不幸的苦涩人生，在他们的生活经历中只有一帆风顺，心想事成，他们的字典里没有别有深味的"不幸"二字。而不幸对于那些经常遭受不幸拜访的人来说，他们的意志品质都是非常坚强的。他们深刻地明白，风调雨顺、风和日丽只是偶然光临，暴风骤雨、电闪雷鸣才是人生的常客。

著名心理学家威廉·汤姆斯说过,我们所谓的不幸和苦难,在很大的程度上,要归结于个人对现象所持的看法。更重要的则是,一个人以什么样的心情与态度来面对和处理这些难题,导致最后的结果是迥然不同的。因此,我们不难发觉,即使是出于同样的环境和状态,有人认为是不幸和苦难,有人却认为这是千载难逢的良机与顺境。

成功的人为什么能成功?因为对他来说,每一个因缘都是成功的良机,甚至包括不幸。不管身处何地,他们都会以积极、自信与乐观的态度去努力、去积淀自己,他们是奇迹的创造者。与此相反的是,另一些人持有消极与失败的心态,不愿意承担不幸,这样的人注定一辈子要潦倒。不同的心态,做出的不同的反应致使事情的结果截然相反。因此,遇到任何挫折或打击时,千万不要呼天抢地,微笑着告诉自己你确信那是造化的考验。

高尔基曾把苦难比作大学。几乎所有的成功人士都是从不幸中毕业的。不幸教给你坚强勇敢,更教会你拼搏向上。这也正如稻盛指出的那样,苦难是一只驶向成功的船,当风暴来临时,别害怕,扬起帆,直面那滔天的海浪、搏击那汹涌的激流吧。

认真且不遗余力地工作是我们做人的必要条件

对自己的工作、对自己的产品,倘若不注入如此深沉的关心和热爱,事情就很难做得如此尽善尽美。

工作是一个展示我们的大舞台。可以尽情施展我们的才华。我们寒窗苦读得来的知识，我们的应变力，我们的决断力，我们的适应力、我们的协调能力都将在这样一个舞台上得以施展。除了工作，世界上恐怕没有哪种活动能够给人们提供如此愉悦的充实感、表达自我的机会、个人的使命感甚至是一种活着的理由。

有一个在麦当劳工作的人，他的工作是烤汉堡。他每天都很快乐地工作，尤其在烤汉堡的时候，他更是专心致志。许多顾客对他为何如此开心感到不可思议，十分好奇，纷纷问他："烤汉堡的工作环境不好，又是件单调乏味的事，为什么你可以如此愉快地工作并充满热情呢？"

这个烤汉堡的人说："在我每次烤汉堡时，我便会想到，如果点这汉堡的人可以吃到一个精心制作的汉堡，他就会很高兴，所以我要好好地烤汉堡，使吃汉堡的人能感受到我带给他们的快乐。看到顾客吃了之后十分满足，并且愉快地离开时，我便感到十分高兴，仿佛又完成了一项重大的任务。因此，我把做好汉堡当作我每天工作的一项使命，要尽全力去做好它。"

顾客听了他的回答之后，对他能用这样的工作态度来烤汉堡，都感到非常钦佩。他们回去之后，就把这件事情告诉周围的同事、朋友或亲人，一传十、十传百，很多人都喜欢来到这家麦当劳店吃他做的汉堡，同时看看"快乐烤汉堡的人"。顾客纷纷把他们看到的这个人认真、热情的表现，反映给公司。公司主管在收到许多顾客的反映后，也去了解情况。公司有感于他这种热情积极的工作态度，认为值得奖励和栽培。没几年，他便升为分区经理了。

这个烤汉堡的人把做好汉堡并让顾客吃得开心，当作自己的工作使命。对他而言，这是一份有意义的工作，所以他充满责任感、热情地去做工作。如果我们也能像他一样，把工作当作人生的使命，把它做得完美，我们的成就感和信心就会越来越强，工作也会越来越顺畅。

一些企业中，不少员工只是将工作当成一份养家糊口的、不得不从事的差事，谈不上什么荣誉感和使命感；甚至有很多员工认为，我出力，老板出钱，等价交换，谁也不欠谁的，谁也不用过分认真。他们只想做企业的员工，而不是企业的功臣；他们没有尽心尽力工作的精神，而是像老牛拉磨一样，懒懒散散，不求有功，但求无过。这些做法无异于浪费自己的生命，断送自己的前程。每当新产品开发的时候，稻盛和夫总是想"紧抱自己的产品"。对自己的工作、对自己的产品，倘若不注入如此深沉的关心和热爱，事情就很难做得如此尽善尽美。

年轻人常常对工作缺乏深刻的认识和理解。也许他们常常抱怨薪水太少，工作时间太长，在他们眼里"工作是工作，自己是自己"，而这二者之间没什么关系，而且要保持距离。然而，想把工作做好，就应该消除二者之间的距离，领悟到：自己就是工作，工作就是自己。

也就是说，这两者密不可分，应连同身心一起，要把自己的全部投入工作中，达到与工作"同生共死"的程度。如果没有对工作如此深沉的感情，就抓不住工作的要领。

京瓷公司在创建不久，曾制作过"水冷复式水管"，这种水管的作用是用来冷却广播机器真空管的。

由于京瓷以前只做小型陶瓷产品，而这种水管尺寸太大，使用的是老式陶瓷原料，属陶器一类。并且要在大管中通小冷却管，结构很复杂。

当时京瓷本不具备制造这类产品的设备，也未能掌握相关技术。然而由于客户盛情难却，稻盛无意中便把任务应承了下来。既然接受了订单，就绝不可以失信于人，不管怎样都必须给客户一个满意的交代。

为了做好这种水管，京瓷人付出了一般人难以想象的辛苦。比如说，原料虽然与一般陶器一样，使用相同的黏土，但是想让如此大的陶器均匀的干燥很困难。一开始，在成型、干燥的过程中，几乎每次都以失败告终，因干燥不均而发生裂痕的现象频频发生。

产品的干燥时间过长，稻盛曾尝试在缩短干燥时间上下功夫，但结果并不尽如人意。稻盛采用各种方法反复试验，最后想出一招：在尚未完全干燥、处于柔软状态的产品表面裹上布条，然后向布条上吹气，让产品慢慢地、均匀地干燥。

这样，新的问题又来了。如果产品太大，而干燥时间又过长的话，产品会受自身的重力影响而发生变形。为防止变形，稻盛又开动脑筋。最后，他决定抱着水管睡觉。

稻盛选在炉窑附近温度适当的地方躺下，把产品小心翼翼地抱在胸前，整个晚上都慢慢转动着水管。用这种方法干燥果然奏效，同时防止了水管变形。

这在旁人看来，这简直是疯狂的、不可思议的。当时的稻盛满脑子想的都是"把产品培育成人"，甚至把它当作自己的孩子，倾注了全部的爱。正因为如此，稻盛和夫才能做到抱着产品转动了一个通宵。他通过这种让旁人看来心酸流泪的"认真不遗余力地工作"，顺利地完成了"水冷复式水管"的制造任务。

不管我们所处的时代多么发达、多么进步，如果工作时缺乏那种认真不遗余力的感情，就无法品尝到那种成功的喜悦。

很多人可能会为自己的不认真寻找各种各样的借口，实际上却是聪明反被聪明误。如果一个人总是为自己的松懈而大伤脑筋琢磨如何辩解自己的话，那么他怎么能把工作做好呢？有句话说得好：今天不努力工作，明天就要努力找工作。

其实一个人所做的工作就是他人生态度的表现：一个人一生的职业，就是他所向往的理想之所在。所以了解了一个人的工作态度，也就是在某种程度上了解了那个人。我们投身于工作不是为了别人，而是为了自己。

你才是自己人生航船的船长，不管你受雇于谁，你永远在为同一个老板打工——那就是你自己。一句话，我们要为自己而工作，做事，也是做人。

忠告 3
绝不将就苟且，把完美作为工作的最高标准

完美主义不是更好，而是至高无上

以完美主义的标准去要求每天的工作，听起来可能很苛刻，也很困难。但是与生命相比呢？你做到像对待仅有一次的生命那样严肃谨慎地去对待你的工作了吗？还是将至高无上的完美主义进行到底吧。

"完美主义"是稻盛和夫在工作中一直追求的目标，他所考虑的"完美主义"不是"更好"，而是"至高无上"。生产一个产品，哪怕付出99%的努力也是不够的。一点瑕疵，一点疏漏，一点粗心都不能原谅，只有做足100%才堪称"完美"。在工作中不断追求的是做到精致、精湛、精益求精，力求最高质量，把产品做成无可挑剔的完美作品，把工作做到极致，挑战极限，这才是工作的终极目标。

稻盛和夫的一位叔叔当过海军航空队的飞机维修员，他从战场归来后曾对稻盛讲起过他在航空队的经历，给稻盛留下很深刻的印象。

每当轰炸机起飞的时候，维修员都要随机飞行，但几乎他们中的所有人都不乘坐自己维修过的飞机。他们似乎不约而同地选择乘坐别的同事维修的飞机，这里面有什么玄机吗？

原来，虽然维修员们在维修保养机器时竭尽全力工作，但却不敢保证自己做的万无一失，于是他们都乘上同事负责的轰炸机。

正因为对自己的工作缺乏充分的信心，又考虑到万一出现紧急情况，所以维修员们做出了这样的选择。还有很多类似的事情。许多医生自己的父母妻儿，或是亲戚身患重病，他们大都不愿亲自诊断医治。亲人们需要进行手术时更是如此，这些医生往往委托自己信任的同事主刀。这样做的缘由是，在血浓于水的亲情面前，关系到亲人的安危，自己会动不了手。

稻盛和夫并不赞同这种观点，他认为每一天的工作都是真刀真枪干出来的，拥有这样的积累，他一定会对自己的技术有满满的自信。如果换了他做飞机维修员，他必定会选择乘坐自己负责的轰炸机；如果换了他做外科医生，当亲人需要救治时，他不会请人代劳，必定会亲手主刀。只有觉得自己的工作做得完美无缺，能给自己的能力打满分时，才能有正面面对问题的决心和魄力。

有人说，在中国，不缺少雄韬伟略的战略家，缺少的是精益求精的执行者。这话也许说得没错，国人的"差不多"思想总是引诱我们放弃对完美的追求。但是有一家企业却是在质量上精益求精、苛求完美的典范，它就是荣事达公司。

"零缺陷管理"是荣事达借鉴国外企业"无缺点运动"经验并结合本企业实际加以独特的再创造的成果，而"无缺点运动"最早发端于美国佛罗里达州的马丁·马里塔公司。1962年，该公司与美国军事部门签订了一项生产供货合同，合同规定的交货期限很紧，对质量要求很严。可是军令如山，不容耽搁，马丁公司为形势所迫，打破常规，开展了一场"无缺点运动"，这一运动包括：

（1）打破传统的"人总要犯错误"理念，改换成"只要主观尽最大努力，就可以不犯错误"的理念，以此动员全体员工追求无缺点目标，自觉避免工作中的失误。

（2）打破以往的生产与质检的分离格局，要求每个操作者同时是质检者，规定上道工序不得向下道工序传送有缺陷的产品。

（3）打破过去对错误只有事后发现和补救的常规，讲求超前防患，事先找出可能产生缺点的各种原因和条件，提前采取措施，做到防患于未然。

（4）打破生产过程中各工序的员工各自为战、各行其是的习惯状态，要求树立全局观念，主动配合、密切合作，从总体上保证实现无缺点结果。马丁公司实行"无缺点运动"果然一举成功，合同期限一到便交付出无可挑剔的百分之百合格的产品。

荣事达吸收其中的精华，形成了自己的"零缺陷生产"模式，将"用户是上帝""下一道工序是用户""换位思考""100%合格"等质量意识转变为员工的自觉行动。与此相关的一系列制度纷纷出台，从而实现分散与集中、全员自控与专门控制、内在质量控制与系统信息反馈相结合的"零缺陷生产"质量管理体系。零缺陷供应是零缺陷生产的前提和保证，通过严把质量关，确保提供"零缺陷"的零配件或可辅助件。

从此，荣事达建立了"零缺陷"的企业文化，企业实力进入了新的境界。

精益求精是对结果最好的诠释。一位企业经营者说过："如今的消费者是拿着'显微镜'来审视每一件产品和提供产品的企业。在残酷的市场竞争中，能够获得较宽松的生存空间的企业，不只是'合格'的企业，也不只是'优秀'的企业，而是'非常优秀'的企业。你要求自己的标准，必须远远高于市场对你的要求标准，才可能被市场认可。"

美国总统麦金莱在得州的一所学校演讲时，对学生们说："比其他事情更重要的是，你们需要尽最大努力把一件事情做得尽可能完美。"只有不满足于平庸，才能追求最好。没有人可以做到完美无缺，但是，当你不断增强自己的力量、不断提升自己的时候，你对自己的要求会越来越高，你所取得的成就也会越来越大。

中国的企业只有像荣事达这样，把对质量孜孜不倦的追求上升到企业文化的高度，员工对质量的觉悟才会大大提高。

只有提高工作标准，把产品的完美品质视同自己的生命一样珍惜！其实企业应该把完美主义奉行到像生命一样至高无上的地位。以完美主义的标准去要求每天的工作，听起来可能很苛刻，也很困难。但是与生命相比呢？你做到像对待仅有一次的生命那样严肃谨慎地去对待你的工作了吗？还是将至高无上的完美主义进行到底吧。

成败往往取决于"最后1%的努力"

在产品制造的过程中，即使99％都进行得很顺利，但只要最后的1％因为一点点疏忽而出现问题，这就意味着前面所有的努力前功尽弃。

稻盛和夫从年轻时就把"完美主义"作为人生信条。这一方面和他与生俱来的性格有关，另一方面也是他后天在从事产品制造业的过程中学来的。

制作新型陶瓷需要按比例将氧化铝、氧化硅、氧化铁、氧化镁等原料的粉末混合后，放在模具中通过加压成型，再在高温炉中烧结，还要对出炉的半成品进行研磨，对表面进行进一步的金属加工处理。制造一个产品，需要多道生产过程，运用多种生产技术，每道工序都需要相当精密细致的技术。严格的产品需要每个员工在操作时都必须全神贯注，哪怕一个很小的错误，也可能导致前功尽弃，造成产品的致命伤。

所以说一个产品中凝结着100％的努力和细致，99％是不够的。一点小问题都不能允许出现。任何时候都要求100％的"完美主义"。

若少了最后1％的努力，就会产生不合格产品，不光材料费、加工费、电费等，而且前面各道工序所耗费的时间、投入的精力、消耗的人力，所有的一切也会因这一点点不完善而全部泡汤。在生产过程中只要有一道工序出现了微小的瑕疵，之前的全部努力都将化为泡影。同时，还会面临着损失客户的危险。少了那1％的努力，前面99％的汗水都将付之东流，统统归零，正可谓行百里者半九十。

京瓷按照客户订单加工生产各种电子工业陶瓷零件。京瓷的销售员都是从电器厂家处获得订单，订单上明确标注有对作为机器重要配件的新型陶瓷的规格要求和交货日期。

京瓷提供的配件交货日期是根据客户机器装配的日程安排决定的，预定的交货期必须严格遵守。在生产过程中发生的一点小差错，将会直接导致承诺的交货期无法兑现。违约意味着损害公司的信誉。如果在临近交货期，因某个环节的差错产生了不合格产品，而制造这种产品需要两个星期，而问题不巧又出现在最后的生产环节上，那就只有通过延期来解决。

销售员需要立刻向客户解释，低声下气地恳求再宽限两个星期。这时没有及时得到产品的客户往往会很不满意："我们这么信任你们，把这么重要的配件生产委托给你们，没想到竟会连累我们整个生产线停产。""言而无信，再也不想和你们这样的公司做生意了！"

销售员只能无辜地遭到如此的责骂。

把握一件事的成败就是要将每一个环节做透、做细、做到位。否则，任何一件事都可能因为一点疏漏而成败笔。

完成一件工作无异于完成一件立体的艺术品，某个环节的差错会导致整体的不完美，严重的甚至会使这件艺术品轰然垮塌。如果说100%是完美的代名词的话，那么最后的那1%便承载着之前99%的努力，把它合成100%的完美。

1%是完美的一部分，没有这一点，完美便不能成其完美。把每一件事做细、做透、做到位对一个企业有着积极的意义。如果每个员工能够信守这一条，拥有完美主义的职业习惯，那么这样的企业一定会拥有很强的竞争力。

不是向"最佳"看齐，而是向"完美"去追求

京瓷的目标不是向"最佳"看齐，而是向着"完美"追求。"完美"同"最佳"不同，不是同别人比较起来最好，而是带有很强的绝对性的，说明它自身就具备可靠的价值。

对任何企业来说，产品的质量都是极为重要的。因为它不仅关系到企业的声誉，而且直接影响企业的经济效益，关系到企业日后的发展。因此说追求完美的工作质量是企业的生命，是企业的命脉。稻盛和夫把追求完美作为企业的信条，切实地执行，甚至对其他的优秀企业产生了深远的影响。

法国休兰伯尔公司在石油开采领域上拥有高超的技术——能利用电波测定地层状况，确定接近石油层的合适位置，是一个非常优秀的企业。京瓷公司在创业大约20周年的时候，这家公司的董事长詹恩·里夫先生来日本访问。

里夫董事长是一个很出色的人物。他出身于法国的名门贵族，是当时法国社会党实力政治家的朋友，还曾成为法国政府内阁候选人。

里夫在访日期间到京瓷拜访稻盛，想与他谈论经营哲学。

京瓷与休兰伯尔公司不属于一个领域，因此当时的稻盛还不太了解休兰伯尔。他在公司和里夫董事长见面之后，在聊天中发现里夫先生果然不同凡响：他拥有出色的经营哲学，能将公司办成世界屈指可数的国

际型大公司。

虽然他们第一次见面,却很谈得来。后来,稻盛应邀在美国与他再度会面,促膝长谈直到深夜。

里夫董事长在谈到休兰伯尔公司的信条时说:就是努力把工作做到最佳。

他的这句话又引出稻盛下面的一席话:"最佳"这个词,意思是同别人比较,是最好的。但这只是相对而言的,因此在水平较低的队伍里也存在着他们的"最佳"。京瓷的目标不是向"最佳"看齐,而是向着"完美"追求。"完美"与"最佳"不同,不是同别人比较起来最好,而是带有很强的绝对性的,说明它自身就具备可靠的价值。因为世上没有什么东西能超越"完美"。那天晚上,稻盛就自己的"完美"主张,与里夫董事长的"最佳"信条的讨论持续到深夜。最后,里夫董事长同意了稻盛的观点,并表示以后休兰伯尔公司不再把最佳奉为信条,而是推崇把完美主义作为信条。

追求完美是不放过任何细节,向精益求精努力。其实,稻盛和夫追求完美的信条可以延伸到任何领域,可谓是一个成功的指示牌。

如果一个企业对产品质量的要求非常严格,重视每一个细节的完美,不允许产品的任何一个细节存在差错。一旦发现某个细节存在缺陷,宁可牺牲产品,也不会放宽对细节的完美追求。这样的企业一定能从优秀走向卓越。

奔驰汽车已经成为高质量、高档次、高地位的象征,是名副其实的名牌。它的品牌号召力在于它向完美追求的高品质。

该公司的一位负责人说:为了杜绝质量问题,奔驰公司对于外厂加工的零部件，只要一箱里有一个不合格，那么这箱零部件的命运将是被全部退回。这种"宁可错杀一千，也不放走一个"的近乎苛刻的管理模式，最大限度地保障了产品的质量。

产品设计对于产品质量来说很重要，这就需要在产品开发的前期进行大量的市场调研，充分了解并掌握潜在客户对产品的需求信息和细节，以便于在产品开发设计过程中保持系统的有效性。奔驰汽车的设计闻名世界，因为他们把汽车设计的每个细节都切切实实地落实在生产过程中，才使产品趋于细致完美。虽然其他许多公司在产品的设计过程中，也都很精心，但最终生产出来的同类产品，质量却与奔驰相差甚远。

奔驰公司也是秉承追求完美这一理念。奔驰生产的发动机要历经42道关卡的考验。有许多像焊接、安装发动机等比较单纯的机械劳动都采用机器人，这在一定程度上就避免了很多制造细节可能出现的问题。产品在生产组装阶段有专人负责检查，在出厂前由技师对所有的环节综合考证，检验合格后才能签字放行。最后哪怕是汽车表面的油漆有轻微划痕，都必须返工；哪怕对于一颗小螺钉，在组装上车前，也必须经过检查。

无论是京瓷，还是奔驰公司，这些事例无一例外地昭示着，正是以追求完美为信条才能使企业拥有细心和细致，才能生产出完美的产品，才有了产品的独到之处，才能使企业的可持续发展成为可能。稻盛对于完美的追求的信条得到了一次又一次的成功验证，他所推崇的完美是非常值得借鉴学习的，所有的企业都应向完美主义致敬。

出色的工作产生于"完美主义"

工作中很多事出了错是用橡皮擦不掉的,这种错误会造成更深远的影响。而且,人一旦抱着"错了改一下就好了"这种想法做事,难免会放松思想上的警惕,小失误频频,会导致大失误不断,这是很危险的。

细心留意一下身边,不难发现,那些能做成事业的人,都是倾向于完美主义,并用心贯彻始终的人。所有的行业、所有的职位无一例外地适用这条规律。

稻盛回忆在京瓷还是小企业的时候,自己在会计方面遇到不理解的地方,就这些情况向财务部长提出疑问。稻盛提的都是"财务报表怎么读""复式簿记该怎么处理"等这样的问题,这让财务部长大为头疼。年长的财务部长对于这么多形形色色的问题表现得极为不悦,尤其这些问题是由一个连会计的"会"字都不认识的人提出的。虽然那时的稻盛年轻却是这位财务部长的上司,他也不好太敷衍了事。他心虽不满稻盛不懂常识尽提些幼稚的问题,却也一一勉强应答。

终于有一次,这位部长说出的数字没有依据,不过在稻盛的连连追问下,他显得非常窘迫,无言以对。最初他不把外行的稻盛放在眼里,但经过稻盛的再三追问,结果证明他的数字是错误的。

他只得小心地连声说"对不起",立即拿橡皮把错误的数字擦去。

稻盛和夫对于这种做法难以忍受,当时就大发雷霆,严厉地批评了他。

文字、数字错了，即使只是一个半个小错误，也有可能给工作造成致命后果。这位财务部长对于这一点毫无意识。如果这种错误不是发生在财务报表中，而是发生在新型陶瓷的制造过程中，造成的严重损失将无以计量，甚至无法挽回。

也许有很多当会计的人，为了便于修改，常常会先用铅笔写，发现出了错误就用橡皮擦掉再重写，觉得这没什么大不了的。正因为抱着这种态度做事，所以经常是出现了很简单的错误却总是难以改正过来。

李文明是江苏省宿迁市的一名检察官。同事眼中的他是个不折不扣的工作狂。曾和他共事10年的宿迁市反贪局局长张伟平说，李文明就是一个完美主义者，他在工作上事事追求完美，并乐此不疲。自1987年从部队转业，始终在办案一线，办案数量年年位居全院第一。不论是在刑检、起诉还是在反贪的岗位上，没有一起超期、退查和漏错。即使是在病床上，他还在看案件的初审报告。在工作中追求完美主义已经渗入他的血液中。

完美是一种境界，做到完美才能超越自我，卓尔不群。在这个丰富多彩的世界上，不在平凡岗位的人，寥寥无几。但在平凡的工作岗位上，取得优异成绩的人又很多，这就是超越平庸，追求完美的力量。只要我们时刻牢记超越，不断追求完美，一定能够成就自己职业生涯的辉煌。

无论何时何地，"错了改一下就好"的想法千万要不得。平时就要用心做事，不允许自己发生任何差错。秉承着这种"完美主义"的精神才能提高工作质量，同时提升人自身的素质。

以完美为目标就是追求内心的理想

要完成一个产品，99%的努力是不够的。一点差错、一点疏忽、一点马虎都不能允许。任何时候都要求100%的完美。

还记得有一位哲学家说过："人无法做到十全十美，但是只要努力可以做到完美。"

没有一个人可以在每一项领域中都成为世界第一，可是每一个人都可以找到他喜欢的那个领域并成为世界最顶尖。只有追求完美主义，才能出色地工作。

现实中常有这样一些人，他们往往不肯把事情做得尽善尽美，只用"足够了""差不多"来敷衍了事。由于他们不会关注细节，所以没有把根基打牢，过不了多久，他们的工作就会像一所不牢固的房屋一样倒塌。其实，很多时候草率和马虎所造成的祸患不相上下。"差不多"有时会差很多，无论是相差0.1毫米还是0.1秒，都是毫厘之差，天壤之别。

竞技场上，冠军与亚军的区别，有时小到肉眼是无法判断的。比如短跑，第一名与第二名有时可能仅相差0.01秒，但是冠军与亚军所获得的荣誉与财富却是天壤之别的，全世界的目光只会聚集在冠军身上。

稻盛和夫说过，要完成一个产品，99%的努力是不够的。一点差错、一点疏忽、一点马虎都不能允许。任何时候都要求100%的完美。他是一个完美主义者，他始终认为每一个完美的结果都取决于贯穿始终的严谨过程。世上可能没有完美，但最难得的是追求完美的过程。

追求完美是一种精神，一种理念，同时是一种认真的态度和精益求精的工作方式。

当追求完美的目标升华为我们每一个人的内在品质时，它必将作为一种生活方式，对我们的工作和生活产生深远的影响。

美国曾经有一家公司在中国订购了一批价格昂贵的玻璃杯，为了确保生产出高品质的玻璃杯，他们为此专门派了一名代表来监督生产。

一天，这位从美国来的监督员来到生产车间，发现工人们正从生产线上挑出了一部分杯子放在旁边，他上去仔细看了一下杯子，并没有什么特别之处，就奇怪地问旁边的工人挑出来的杯子是干什么用的。

"那是不合格的产品。"工人一边工作一边回答。

美方代表更疑惑了，因为他并没有发现这种杯子和其他的杯子有什么不同之处。于是就让工人详细解释一下。工人回答："你自己看，这里多了一个小的气泡，这说明这种杯子在吹制的过程中漏进了空气。"

"那并不影响使用啊！"美方代表追问着。

工人很自然地回答："我们既然工作，就一定要精益求精，做到最好，任何的缺点，哪怕是客户看不出来的缺点，对于我们来说，也是不允许的。"

当天晚上，这位美方代表就向总部报告："一个完全合乎我们的检验和使用标准的杯子，在无人监督的情况下，这个公司的员工用几乎苛刻的标准挑选出常人无法发现瑕疵的产品，这样的企业又有什么让人不放心的呢？"于是，这家美国公司马上与该企业订立了长期的合作关系。

任何一家公司想在竞争中取胜，都必须先设法使每个员工精益求精、追求完美。否则,公司就无法给顾客提供高质量的服务,就难以生产出高质量的产品,当员工将追求完美作为一种目标,变成一种习惯时,就能从工作中积累更多的经验,就能从全身心投入工作的过程中找到更多的快乐。追求完美和卓越的工作表现,才是我们不断发展进步的驱动力。

马克曾是美国西里克肥料厂的一名速记员。尽管他的上司和同事都有偷懒的恶习,但是马克仍保持认真做事的良好习惯,重视每一项工作。一天,上司让马克替自己编一本老板西里克先生前往欧洲用的密码电报书。马克不像同事那样随意地写几张完事,而是将它们编成一本小巧的册子,用打字机很清楚地打出来,然后又仔细装订好。做好之后,上司便把这本册子交给了西里克先生。

"这大概不是你做的吧?"西里克先生问。"呃——不……是……"马克的上司紧张地回答,西里克先生沉默了许久。几天后,马克代替了以前上司的职位。

或许大家都有过类似的经历,只是觉得很正常而忽略过去了。殊不知,看起来微不足道的一件小事,却体现着深刻的道理。试想,如果马克没有将细节做到完美的习惯,他能表现得如此尽职尽责吗?

天下大事,必作于细,我们能把每一件小事做好了就是不简单,把每一个细节做好了就会不断趋向完美的境界。就像许多人外出,都要带上一只旅行杯,但是旅行杯的盖子一定要盖好且拧到位,否则,杯里的水就会洒出来。由此想到,任何一项工作如果不做到位,不追求极致的完美,就难以收到预期的效果,甚至会前功尽弃。

每一个人的一生中至少应该有一次疯狂追求完美的体验。只有这样，普通人才能挖掘到自己惊人的潜力。一个人因为热爱最完美的东西，才会追求极致，哪怕是一般好都会不满意。懂得这一点，我们就可能憎恨以往的一知半解、三心二意，于是我们的心中就燃起了追求完美的热情火焰。

在稻盛和夫看来，严谨的工作态度和不断追求完美的工作作风是员工必备的素质。我们现在能做的，不是研究别的，而是研究目前你在你的领域中到底排名第几？你销售的产品是不是居于尖端品牌？谁才是这个领域的龙头老大？现在就开始下定决心做得比他更好、更努力，超越他，那么你就一定会成功，并且实现你的人生梦想。

忠告 4
卓越是 99% 的汗水加 1% 的创新

坚持每一天都有新的创造

坚持每一天都有新的创造，哪怕是微不足道的一点，这样的进步若能经过十年的累积和历练，就一定可以迸发出巨大的能量。

稻盛和夫创建京瓷后，一直以一种过人的胆识和气魄开发新产品，不断挑战着事业的新目标和新高度。他说过，京瓷接着要做的事，又是人们认为京瓷肯定做不成的事。

曾荣获新闻界最高荣誉——"普利策奖"的美国著名记者戴维·哈尔伯斯坦先生就引用过稻盛和夫的这句话。戴维先生在他的著作《下一世纪》中，专门开辟了一个章节，来讲述了京瓷和它的创业者——稻盛和夫的故事。

据稻盛和夫说，他回顾自己至今经过的人生，凡是那些人们用惯的方法、走烂的路，他一概不去染指或涉足。今天再重新走一遍昨天走过的路，或者步人后尘跟着别人的脚步亦步亦趋，这实在没有什么意义。稻盛和夫是这样说的，也是这样做的，敢于走别人没有走过的路，一直到今天。当然，选择这样一条道路，势必不会那么一帆风顺，甚至充满了崎岖和艰辛。

然而，稻盛却凭借着自己坚强的意志，义无反顾地踏上了那条人迹罕至的泥泞小路，坚持着走到今天。

平整宽阔的大道是大家都想走的、都在走的路。选择大多数人想走的路，走着大多数人正在走的路，这样的人生轨迹又有什么趣味和意义呢？只知道步别人的后尘，就只能永远走在别人后面，无法开拓新的事业。

别人做什么我就做什么的思想万万要不得，因为在别人走过的路上，路上的硕果已成为前人的囊中之物，几乎剩不下什么有价值的东西。而涉足不曾有人走过的新路，虽然过程中举步维艰、处处艰险，却可以在不经意间欣赏到很多别处没有的风景。一路走来，结果往往是成绩卓然、成果颇丰，它可以通向难以想象的未来。那里另有一番光明灿烂的景象。

从京瓷艰难创业到今天的半个多世纪中，稻盛孜孜不倦地投入到产品的研究上去，充分利用了所谓新型陶瓷的特性，频频向更广泛的事业领域不断挑战，勇攀高峰。从产业使用的陶瓷零部件到半导体电子封装零部件，从太阳能发电系统到移动电话和复印机等，随后又跨行业涉足通信事业，以及宾馆事业等。这条路正是稻盛和夫一点一点自行摸索出来的。

京瓷涉猎范围之广不是因为它的创办者稻盛和夫已经掌握了各个行业的技术，而是凭着每天坚持着进行创造性的工作。这一坚持，便是半个世纪之久。

坚持每一天都有新的创造，哪怕是微不足道的一点，这样的进步若能经过十年的积累和历练，就一定可以迸发出巨大的能量。

敢于创新，不走前人的老路，稻盛常用"扫地"作为例子。

比如说以往打扫车间厂房都是从右往左扫。那么，今天尝试一下从四面向中央打扫效果如何？

或者不光用扫帚打扫，使用拖把会怎么样？如果清洁效果还不理想，可以试着向上司提个建议，为公司买进一个吸尘器好不好？虽然吸尘器比较贵，但从长远角度看，可以节省很大一部分人力。再或者进一步，自己开动脑筋改良一下吸尘器的装置，提高它的效率，使它清洁起地面来又快又干净，如何？

这样的话，扫地这么小的一件事，只要肯下功夫和力气，就可以有很多快捷有效的方法。就这样，带着创新精神去工作，长此以往，你就成了扫地专家，会受到车间同事们的赞扬。这时你的领导很有可能把整幢大楼的清扫工作交给你负责。时间一长，你完全有能力和实力创立一个专门清扫大楼的专业公司，并让这个专业队伍不断发展壮大。

而事实上，有很多人会认为自己"不过是个扫地的清洁工"，懒于进取、漫不经心。那么这样的人就绝不会有所长进，多少年之后还是老样子，仍然磨磨蹭蹭，用扫帚从右往左打扫着地面。

这只是一个简单的小例子，其实工作和生活中应该有气魄去走一条新路，凭借自己的创造去进行每一天的积累。

无论所从事的岗位是多么渺小，都带着积极的态度去完成工作，带着问题意识，对现实状况开动脑筋去改良或改革方法，可以提高工作的效率，长期坚持便是一条成功之路。有无这种精神很可能是成功与失败的分水岭。

选择一条别人没有走过的路，发挥你的创造力，并不断加以坚持，这便是成功之路的开端。

年轻时的苦难出钱也要买

所谓困难，只是一时的。不管在多艰难的环境中，不懈坚持认真地、诚实地工作，就能成为一个人人生中重要的转机。

认真工作能扭转人生，话虽这么说，但稻盛和夫讲他本人原本也不是一个热爱劳动的人，而且曾经一度认为，在劳动中要遭受的苦难考验简直是非常难以接受的事。

在稻盛和夫的孩提时代，父母常用鹿儿岛方言教导他说："年轻时的苦难，出钱也该买。"

那时的稻盛还只是一个不知轻重、出言不逊的孩子。每当这时，他总是反驳道："苦难？能卖了最好。"

通过辛勤的劳动可以磨炼自身的品格，可以修身养性，这样的道德说教，稻盛也同现在大多数年轻人一样，曾不屑一顾。但是，稻盛从大学毕业后，就在京都一家濒临破产的企业"松风工业"就职。不久，这个年轻人的这种浅薄幼稚的想法就被现实彻底地粉碎了。

松风工业是一家制造绝缘瓷瓶的企业，原本在日本行业内是颇具代表性的优秀企业之一。但在稻盛入公司时早已经面目全非，迟发工资是家常便饭，公司已经走到了濒临倒闭的悬崖边缘。

当时的松风工业状况相当不佳：业主家族内讧频繁不断，劳资争议不绝于耳。有一次稻盛去附近的商店购物时，店老板用同情的口气对他说："你怎么来这儿了？在那样的破企业工作，以后找不上老婆啊！"

很自然，与稻盛同期入公司的员工，一进公司就觉得"这样的公司令人讨厌，我们理应有更好的去处"。于是，大家聚到一块儿时就牢骚不断。

当时正处于日本的经济萧条时期，稻盛也是靠老师的介绍才好不容易进了松风工业，原本应心怀感激之情，情理上就不应该说抱怨公司的话了。然而，当时的稻盛年少气盛、心性高傲，早把介绍人的恩义抛在脑后，尽管自己对公司还没做出过任何贡献，但牢骚话却比别人还要多。

稻盛入公司还不到一年，同期加入公司的大学生们就相继辞职离开了，最后留在这家公司的除了稻盛之外，只剩一位九州天草出身的京都大学毕业的高才生。两个人商量过后，决定去报考自卫队干部候补生学校，结果两个人都考上了。

但入学需要户口簿的复印件，于是稻盛写信给在鹿儿岛老家的哥哥，请他寄来复印件，但等了好久毫无音讯。结果是稻盛的那位同事一个人进了干部候补生学校。

后来稻盛才知道，老家不肯寄出户口簿复印件给他，是因为当时他的哥哥非常恼火："家里节衣缩食把你送入大学，多亏老师介绍才进了京都的公司，结果不到半年你就忍受不住要辞职？真是一个忘恩负义的家伙。"哥哥气愤之余拒绝寄送出复印件。

最后，只剩稻盛一个人留在了这个破败的公司，他非常苦恼。

那时候的稻盛想，辞职转行到新的岗位也未必一定成功。有的人辞职后或许人生变得更精彩了，但也有的人人生却变得更加凄惨了。有的人留在公司，继续努力奋斗，取得了成功，人生很美好；也有人虽然留任了，而且也努力工作，但人生还是很不如意。所以各种情况都因人而异吧。

究竟离开公司，还是留在公司，哪个选择才是正确的呢？烦恼过后的稻盛作了一个决断。

正是这个决断，稻盛迎来了人生的转折。

只剩他一个人独自留在这个衰败的企业了，被逼到了这一步，他反而感到清醒了。"要辞职离开公司，总得有一个名正言顺的理由吧，只是因为感觉不满就辞职，那么今后的人生也未必会一帆风顺吧。"当时，稻盛还没有找到一个必须辞职的充分理由，所以他决定先埋头努力工作。

不再发牢骚、说怪话，稻盛把心思都集中到自己当前的本职工作中来，聚精会神，全力以赴。这时候的稻盛才开始发自内心并用格斗的气魄，以认真的、诚实的态度面对自己的本职工作。

在这家公司里，稻盛的任务是研究当前最尖端的新型陶瓷材料。他把锅碗瓢盆等生活用具都搬进了实验室，住在那里，不分昼夜，废寝忘食，全身心地投入研究工作。

这种"极度认真"的忘我工作状态，从旁人看来，便有一种悲壮的色彩。

当然，因为是最尖端的研究，像拉马车的马匹一样，光用蛮力是不够的。稻盛订购了刊载有关新型陶瓷最新论文的美国专业杂志，一边查阅辞典一边阅读，还到图书馆借阅有关的专业书籍。稻盛往往都是在下班后的夜间以及休息日抓紧时间，如饥似渴地学习、研究。

在这样拼命努力的过程中，不可思议的事情发生了。

稻盛在大学学的专业是有机化学。只在毕业前为了求职，突击学了一点无机化学。可是当时，在他还是一个 25 岁都不到的毛头小伙子的时候，居然一次又一次取得了出色的研究成果，成为无机化学领域里初露锋芒的新星。这全都得益于稻盛的重要决定——专心投入工作。

与此同时，进公司后打算要辞职的念头，以及"自己的人生将会怎样"之类的迷茫和烦恼，都消失得无影无踪了。不仅如此，稻盛甚至产生了"工作太有意思了，太有趣了，简直不知如何形容才好"的感觉。这时候，原本的辛苦不再被当作辛苦，他只有更加努力地工作，周围人们对他的好评才越来越多。

在这之前，稻盛的人生可以说是连续的苦难和挫折。而从此以后，不知不觉中，他的人生产生了根本的转变，进入了良性循环。

所谓困难，只是一时的。不管在多艰难的环境中，只要坚持认真地、诚实地工作，就能成为一个人人生中重要的转机。

对有志者来说，困难无非是通往成功之路上的一块小石头，对付它的方法就是，要么将它踢掉，要么视而不见，从它身上走过去。成大事者，就需要这种万物皆在手中的气魄，唯有如此，困难才不会成为困难，而是通向更高层级的跳板。

持续的力量能将"平凡"变为"非凡"

要提拔加倍努力、刻苦钻研、一直拼命工作的人。

不积跬步，无以至千里；不积小流，无以成江海。看起来平凡的、琐碎麻烦的工作，只要能以坚韧不拔的意志、坚持不懈的毅力去做，就能成就事业，体现人生的价值。

有一位大学刚毕业的小伙子，在一家非常普通的公司工作。新员工都是从基层开始做起。很多大学毕业生都在抱怨：这么没有技术含量的工作为什么要我们来做？而这位年轻人却二话没说，每天都认认真真地去完成领导交代给他的每一件任务，而且在空闲之余还主动帮助其他同事做一些最累、最辛苦、没有人愿意做的工作。由于他的心态良好，没有厌倦工作，从而把事情做得有条不紊。他是个有心人，他把自己的工作详细地记录下来，一遇到自己解决不了的麻烦，就虚心地去请教老员工。由于他平时经常帮助别人，在他需要帮忙时大家也乐意帮他。就在他刚刚工作一年的当口，就被提拔做了车间主任；过了两年，他已经是部门的经理了。而和他一起进去的其他大学生，却还在最底层原地不前，每天抱怨。

每个人生来都是凡人，是凡人就会做一些平凡的事情，就职于平凡的岗位，从事着平凡的工作。但人又常常喜欢不切实际地追求华丽的人生，每当这时候，他们就会抱怨环境，抱怨命运让自己如此平凡，不愿意认真去做平凡的事，那么成功就会弃他而去。

其实那些靠自己改变命运的人都只是普通人，与常人不同的是他们在平凡的工作中付出了巨大的努力，倾注了全部的热情，忍受了反复的挫折。怨天尤人是对自己的姑息，为自己的懒惰找借口。

奥普浴霸的创始人方杰，早在澳大利亚留学的时候，就有一种学习的意识。他选择到澳大利亚最大的灯具公司打工。当时的他还是个毛头小子，根本还不懂什么叫商业谈判。方杰当时的老板是个生意谈判场上的高手，一有机会与老板一起进行商业谈判，他便用口袋里的微型录音机把谈判过程全都录下来。

回家后，他便一字一句反复地听，揣摩、学习自己的老板分析问题的方法，对方提问的路数，以及老板巧妙回复的答案。就这样，几年后方杰脱胎换骨，俨然成为一个商场谈判的高手。后来他的老板退休后，由方杰接替他的工作。

1996年，方杰几乎成了澳大利亚身价排名榜首的职业经理人。再后来，他回国创业，打响了奥普浴霸的品牌。而方杰并不是一个做生意的天才，他的非凡才能是通过自己持续的努力而获得的。

在创业者中，并没有哪个成功者在智力上有极为出类拔萃之处，但是他们有一个共同点，就是看上去毫不起眼，只是认认真真、孜孜不倦地努力。他们不骄不躁、踏实认真，持续的力量赋予他们超人般的能力。

稻盛和夫曾经的一个同事也是如此，只有初中学历的忠厚老实略有些愚钝的他，经过几十年的认真苦干，最后成了一位非常有人格魅力的优秀的事业部长。稻盛用人的理念就是：要提拔加倍努力、刻苦钻研、一直拼命工作的人。

罗马不是一天建成的，事业也不是一天完成的。再伟大的理想，也要靠一步一个踏实的脚印，去征服、去实现。稻盛把一项事业的建立比作埃及金字塔的建造，是由许多无名氏，通过艰苦地搬运数以千万的巨大石块，并一块一块地用双手砌上去的。金字塔是令世界惊叹的奇迹，凝结了无数劳动者闪光的汗水和智慧，它对历史的超越源于劳动者持续付出的努力，这正如我们的人生。

托马斯·爱迪生说过，成功中99%都是勤奋和汗水。这个世界上的"天才""名人"毫无例外，他们都为自己的事业洒下辛勤的汗水，他们用"持续的力量"击败了命运女神"平凡"的诅咒，杰出和优秀成为他们的特质，"非凡"二字印在了他们人生的名片上。

创造的世界没有标准，唯有找到指南针确定方向

想要成就某项事业，就应该时刻描绘这一事业的理想状态，然后把这一理想提升为强烈的愿望。

稻盛和夫说："成功的基础是强烈的愿望。"这并不是提倡空想，在稻盛和夫看来，创造性的活动需要不断地去思考，不断地去构思，这样我们的头脑中才将会浮现出那个"看得见"的即将实现的现实。

稻盛和夫在研究开发新材料的过程中，不仅仅是一而再，再而三地产生某种强烈的愿望，他还在大脑中反复进行着模拟试验，心中推演着各种迈向成功的过程和途径。就像围棋手一样，每走一步都是经过慎重的思考和推敲的，他们在脑中一次又一次地模拟演练着达到目的的过程，然后

用这个过程和方向不断指导自己的下一步走法。

在稻盛看来，当我们面对困难和疑惑，选择锲而不舍、反复思考的时候，成功的道路就好像曾经走过似的"逐步清晰"了。那些曾经只出现在愿景里的东西就会逐步接近现实，不久愿景与现实的界限消失，似乎已经成现实。

但是，如果我们的脑中呈现的景象是不鲜明的黑白色那还不够。想要更加接近现实，就要看到色彩鲜明的景象——这种状态是真实发生的。稻盛和夫比喻这个过程就好像是体育运动中的意象训练，意象最大限度地浓缩，就是能看见"现实的结晶"。相反，如果做事情之前我们并没有强烈的愿望，也不去深入地思考和推敲，那么就不会清晰地看见完成时的形态。

不论做什么事，成功的关键在于我们行动之前对自己有什么样的期待和构想，制定什么样的目标和规划。你应该懂得，用什么标准来衡量自己，别人就会用什么样的标准来评估你。

有个人经过一个建筑工地，问那里的工人们在做什么？三个工人有三种不同的回答。

第一个工人回答："我在做养家糊口的事，混口饭吃。"

第二个工人回答："我在做整个国家最出色的石匠工作。"

第三个工人回答："我正在建造一座大教堂。"

三个工人回答出了三种不同的目标，第一个工人认为工作的目的是为了养家糊口，他的愿望只是想实现自己基本的生理需求，没有什么远大的抱负；第二个工人说出了自己的梦想是成为全国最出色的匠人，他的思维方式只考虑自己要成为什么样的人，很少考虑这份建筑工作最后要达到的目的和要求；而第三个工人的回答说出了创造性活动的目标真谛，他清楚地知道自己将来要实现的愿景是建造一座大的教堂，把自己的工作目标和组织的目标结合起来，从组织价值的角度看待自己的发展。这样的员工事先就可以看到"完成时的状态"，所以第三个工人才会更容易走向成功。

凡是事业成功的人，大都有两个相似点：一是明确地知道自己事业的目标；二是不断朝着目标前进。目标的意义不仅仅是目标本身，它就像人生的指南针一样，是我们行动的依据，信念的基础，创造的源泉。

世界潜能大师博恩·崔西曾经说过这样的话："成功等于目标，其他都是这句话的注解"，没有强烈愿望产生的动力，没有既定目标实现的规划，那么成功又从何谈起呢？

法国科学家约翰·法伯把喜欢追随同类的毛毛虫放在了一个花盆的边上，使它们首尾相接围成了一个圈，他在花盆中洒了一些毛毛虫喜爱吃的松针，毛毛虫中开始一个跟着一个，绕着花盆，一圈又一圈地走。一个小时过去了，一天过去了，毛毛虫还在一圈一圈不停地转。连续经过七天七夜，这些毛毛虫终因饥饿和筋疲力尽而死去。

为什么会出现这种毛毛虫效应呢？就是因为毛毛虫习惯了重复现成的思考过程和行为方式，它们不会独立地思考和创新，也没有什么明确的目标，只是人云亦云，别人怎么做我就只管追随，所以才酿成了这样的悲剧。

稻盛和夫在开发新产品的时候，往往已经看到了产品将来应该有的状态，所以他对产品的要求是没有一点瑕疵。当公司员工开发出的产品已经充分满足了式样和性能的标准要求时，还是得不到稻盛和夫的认可。因为凭借着稻盛和夫多年以来对这一领域知识的熟知和深思熟虑，他能看见他脑中理想水准的产品。所以普通水准要求并不是他的目标。

在稻盛和夫看来，想要成就某项事业，就应该时刻描绘这一事业的理想状态，然后把这一理想提升为强烈的愿望。同时，对于实现这个理想的过程也要24小时不断地反复思考，直到成功的形象在眼前鲜明浮现。这一点很重要，当你对事情的各个细节都有明确的印象时，最后的结果一定是成功。很多人在创业或者求学伊始，就为自己设立了远大的理想，但是到具体实施、努力的时候，却不知道该怎么做，有种毫无头绪的感觉。那么我们就应该静下心来，为自己的理想制订一份详细、切实可行的计划。

如果在创造的道路上，我们认定了一个目标，就应该坚定不移地走下去，其间或许会遇到许多困难和挫折，甚至是反反复复的实践，但我们也不应该就此罢休。我们要以积极的态度、顽强的精神，去检验过去所制订的目标和所运用的方法中存在的问题。在此基础上选择新的前进路线，通过另外的途径向既定的目标前进，就会出现"柳暗花明又一村"的境界。

成为"自燃型"的人

想成为自我燃烧型的人物的最佳手段就是热爱自己所从事的工作。只有爱才能热，有了足够的热才能燃烧起来，而燃烧会发出更多的光和热。

稻盛和夫把人像物质一样分成了三种：自燃型、可燃型和不燃型。自燃型的人比较坚强，他们很容易把自己燃烧起来，发出光和热；可燃型的人像木材或煤块，找得到火种，他们才可以燃烧；而第三种不燃型，没有被点燃的可能，即使有了火种，却依然冰冷，无动于衷，甚至会泼冷水。

到底什么样才的人是自燃型的人呢？也许四川省宜宾市的一位普通农民张春群的做法会给我们一些说明。

当张春群是一位26岁的年轻母亲时，她做了一件令人意外的事。从小家境就不好的她从没读过书，斗大的字不识一筐。常年在外地打工异常辛苦，她切身体会到没有文化的痛楚，思前想后，她终于决定回到家乡，与村里的孩子们一起上了小学一年级。家人不理解，乡亲们冷嘲热讽，这给了她很大压力，甚至动摇了自己上学的决心。但最终她依然决定继续读下去，她不仅战胜了自我，最终也赢得了家人的支持。她每天一大清早就步伐坚定地走在通往学校的羊肠小路上，傍晚和孩子们背起书包一起回家。有记者采访张春群，问她怎么有那么大的定力去坚持读书的举动时，她回答说："我上学不为做官，不为挣钱，只为弥补生命的缺陷……"

这就是自燃型的典型，他们都是自我燃烧，绝不是按别人的指示，机械地等待别人吩咐才行动的人。他们拥有自己强大的理想，拥有自己强大的动力。

一般经营者每天都会考虑公司应该做什么，怎么做才能更好之类的问题。他们会很需要自燃型的人。稻盛经常对公司的员工说，希望大家都能成为乐于自我燃烧的自燃型，至少是可燃型的人，公司不需要不燃型的人。因为一般从组织上看，不燃型的人过于自我，不够积极热情，时不时还会给干劲十足的人泼冷水。这种负能量的巨大消耗致使公司内形不成一个核心的凝聚力，在企业团队中，即使只有一位不燃型的人，氛围也会变得沉闷压抑，难以开展工作。这种人冷若冰霜，表情淡漠，永远与周围人热火朝天的干劲绝缘，着实不怎么讨人喜欢。

自动自发地工作是一种重要的工作态度，对一个人的成功与否起着至关重要的作用。当你的能力和自动自发的意识、积极心态结合在一起时，就能创造出骄人的成绩。

有一家公司的老板脾气暴躁、性子又急，他的下属一旦做错事或有事情令他不满意，就会被他骂个狗血淋头、无地自容，一点面子都不给。公司里的员工都怨声载道，工作懒散，消极恶毒的话满天飞。莱恩是这家公司的主管之一，全公司唯有他不讲消极的话。他每天主动地向老板汇报工作进度，并递交计划；在被老板大骂的时候，他总是马上道歉，保证第二次不会再犯，并且他真的没有再犯过。他总是把老板即将要求的事情提前完成，可老板依旧和以前一样经常对他发火。公司里的同事都说他是白痴，都劝他别那么卖力。可莱恩每次都只是笑笑，一如既往。

老板经常在自己的朋友面前提到莱恩，表扬和赞赏他，并且渐渐地让他参与公司发展策略的重要讨论。莱恩仍旧跟往常一样尽力把工作做好。半年后，莱恩晋升为部门经理，老板把许多重要的事情都直接交给他做，对他非常放心。而公司原先的那些同事则变成了莱恩的下属。

在自动自发地工作的背后，需要你付出的是比别人多得多的智慧、热情、责任、想象力和创造力。永远保持一种自动自发的工作态度，是对自己的行为负责。命运掌握在自己手中，"做一天和尚撞一天钟"的态度千万要摒弃。

凡是能成大事的人都是自我燃烧型,他们是性能最高的类型。他们自发而动,他们的精力永远像刚刚充过电的电池一样饱满,他们无须向外界索取什么,通常在指令下发以前就行动起来,率先做出成绩成为别人心中的范本。他们的能动性、积极性像火种一样,可以引燃周围人的激情。投身一项事业需要相当巨大的能量,自燃型的人才是事业中的主角,他们不仅用自我燃烧激励自己,他们燃烧自己时释放出的巨大的光和热,同样温暖点亮了他人。他们熊熊燃烧的气势会感染周围的人,带动他们也投身于事业当中。

稻盛和夫说,想成为自我燃烧型的最佳手段就是热爱自己所从事的工作。

奥斯特洛夫斯基曾经在一篇文章中大声疾呼:"谁不能燃烧,就只有冒着黑烟白白耗尽生命——这是真理。生命的烈火万岁!"不可燃型的人或者可以说是有一定的能力或是才艺过人,但是缺乏热情和激情,常抱着否定一切、事不关己的冷漠态度,无异于冷血,难以有所成就。多数不燃型的人最终也没能发挥能力,直至生命结束也没有任何改变。人的生命就是这样,不愿燃烧唯一的结局就是在平庸中渐渐走向死亡。

在中国古老的神话传说中,凤凰是一种美丽绝伦的神鸟,而她又充满智慧,为了永远保持亮丽的羽毛和年轻的心,五百年她就涅槃一次,在熊熊燃烧的烈火和炽热的灰烬中重生,开始新的生命历程!成为自燃型的人吧,突破"旧我"创造"新我",只有不断地自我超越才能实现人生的理想!

忠告 5
每天进步一点点，在平凡中不断突破

今天要比昨天更好，明天更要胜过今天

今日事今日毕，今天的目标今天一定要完成。工作的成果和进展以一天为单位区分，然后切实完成。

人的一生要度过许多的"今天"，可以说，这样的每一天都是组成人生的基本构件。然而看似简单的人生却常常会在迷惑中度过。尤其是对那些认真工作的人来说，这样的迷惑或许就更深些。他们会思考自己究竟为了什么去从事这项职业，不断思索劳动的目的，思考工作的意义。也许越是苦苦思索，越是不得其解。

就连稻盛和夫也深陷在这个谜题之中。

在稻盛参加工作后的第一家公司，他反复进行着有成功也有失败的

试验。当时在无机化学研究的同龄人中，有人赴美留学，拿着丰厚的奖学金；有人在知名的大企业，用最领先的设备进行最尖端的试验；稻盛在这么一个濒临倒闭的企业里，日复一日地用简陋的设备做着混合原料粉末的工作。

他不时会冒出这样的想法：一直做如此单调的工作，又能搞出什么科研成果来呢？

或者更心灰意冷：自己的人生将来又会是怎样一番情形呢？

每当他想到这些，就不禁觉得前途无望，消极落寞。

也许一般人解决问题的方法是和自己说：要有远见，向未来看吧。也就是说，不要将自己的目光停留在眼皮底下，而要从长远的角度展开自己的人生蓝图，而眼前的工作只是这长期规划中的一个环节。

然而稻盛采用了一种与之相反的看法。他从短期的观点来看，不再痴迷于不着边际的远景，而只是留神眼下的事情，于是摆正自己对工作的态度。

他给自己定下规矩：今日事今日毕，今天的目标今天一定要完成。工作的成果和进展以一天为单位区分，然后切实完成。

在每一个"今天"中，前进是最低限度，无论这一步是大是小，总要向前推进。

同时，要反思今天的工作，以便为明天总结出一点经验或教训。为了达到目标，不管天气多么恶劣，不管境遇多么艰难，稻盛都全神贯注，全力以赴。一天，一个月，一年过去了，五年，十年，他始终锲而不舍。直到今天，他踏入了当初根本无法想象的境地。

就这样，奔着"今天"的目标去，让每一个"今天"都没有虚度的遗憾，每天获得积累。今天比昨天更好，明天又比今天好。将今天一天作为"生活的单位"，天天精神百倍，日复一日，拼命工作，以这种踏实的步伐，就能走上人生的王道。

所谓未来是每一个"今天"的累积。因此稻盛和夫主张人们在建立未来的目标时，要设定高于自己能力的目标，然后不遗余力地工作，去实现这个目标。要下定决心去完成今天自己"不能胜任"的目标。

想尽方法提高自己的能力，哪怕每天只有一点点进步，以便在"未来这个时点"实现既定的目标。如果只用自己现今的能力来判断决定能不能做，那么，就没有挑战新事业，或者实现更高的目标的可能性。人的能力像黄金一样，有着良好的延展性。基于这一点，每个人都应该面向未来，去描绘自己理想的人生。

在《士兵突击》的前半部分，许三多与战友们显得那么格格不入，所以笑料百出。许三多是自卑的，是极度缺乏自信的，在他的记忆中，自己老做错事，从没做对过，面对父亲恨铁不成钢的打骂、乡邻的欺凌，许三多从不反抗，活像木头，于是就有了"许木木""木头疙瘩"的戏称。

他说得最多的两个字就是"不行"，这让一直维护他、相信他的班长史今十分恼火。为了治许三多的晕车，史今教许三多练腹部绕杠，并且严肃地告诉他："'不行'这俩字以后少说。"这一次的鼓励，是许三多人生的转折，史今告诉他："说不行的时候绝不会有奇迹发生。就算是你，也能创造奇迹。"于是许三多真的创造了奇迹，为了赢回"先进班集体"的奖旗，他做了333个单杠大回环。

此后，他的自信一点点树立起来，他的优势也逐渐显现，他的射击等军事技术项目几乎涵盖全团所有第一，他赢得的奖旗挂满了墙壁，许三多成了全团的尖子兵！那些从前对他恨铁不成钢的人也逐渐认可并开始相信他了。

许三多最好的朋友成才说："就凭333个腹部绕杠，你走到哪儿都天下无敌。"团长称赞他："我见到了一个比我当年要强的兵。"而一度十分讨厌他的伍六一真诚地说："我们不是朋友又能是什么呢？"在所有评价中，七连长高城的一句话最为深刻——"明明是个强人，天生一副熊样"。

许三多是个强人，他的成绩就足以证明一切，而所谓的熊样，说的就是他缺乏应有的自信。而找到自信的许三多，便从当初人见人欺的"狗熊"变成了所有人心目中的英雄。自信让许三多一直保持着出奇的稳定性，每次军事技能比赛，他只是为了超越自己，没有别人，只是超越自己。这种心态让他从"绝情坑主"变成了全军的尖子，最终成为老A的一员。

稻盛和夫曾经说过，很多人在工作和生活中，很轻率地对自己不自信，匆匆下结论说："不行，我做不到。"就是因为他们仅以自己现有的能力判断自己，而忽略了自己未来的潜能。

实际上，大家今天所做的工作，可能正是几年前看来自己无法胜任的。可是对今天的你来说已经轻而易举，因为你已经驾轻就熟了。人要坚持每一天的进步，在各个方面都如此。"神"创造了人，而人要靠自己去完善自己。不能抱有"我从没学过，没有知识和技术，所以我做不来"的想法。而是应该这样思考：我没有学过，没有知识和技术，但我有足够的干劲和信心，所以在若干年后的今天一定能行。而且就从今天开始，努力学习，汲取知识，熟练掌握技术。不远的将来我身上的能力一定能有所增长。

不积跬步，无以至千里。不要小看每一天的成长，相信只要坚持努力，就能享受比昨天更好的今天，努力打造比今天还好的明天。

敢于走别人没走过的路

> 凡是人们都熟知的"走惯的路"，我从未涉足过。昨天走过的路，今天再走一趟，或者去重复别人已经走过的路，这与我的天性不合。我总是选择别人没走过的新路，一直走到今天。当然，这样的道路绝非平坦，因为谁也没有走过。

稻盛和夫回顾自己走过的人生，说道："凡是人们都熟知的'走惯的路'，我从未涉足过。昨天走过的路，今天再走一趟，或者去重复别人已经走过的路，这与我的天性不合。我总是选择别人没走过的新路，一直走到今天。当然，这样的道路绝非平坦，因为谁也没有走过。"

京瓷自创立以来，稻盛和夫就是以这样敢为人先的气魄不断开发新产品，不断向新事业发起挑战。熟悉稻盛和夫的人都知道，他经常说的一句话就是，"我们接着要做的事，又是人们认为我们肯定做不成的事"。

稻盛和夫把自己正在走的路称为"无人通行的田间泥泞的小道"。这条路上没有铺装平整的大道上的车水马龙，也没有路人在走过的路上留下有价值的东西。尽管，有时脚底一滑就会跌入水田，但稻盛和夫仍然一步一步向前走，而且坚韧不拔地走到今天。一路上他有许多新的发现和巨大的成果。

"铺装平整的大道"是大家都想走的、大家正在走的路，但在那样的大路上跟着别人亦步亦趋，在稻盛和夫看来是没有趣味可言的。若只知道步别人的后尘，就绝不能开拓出新的领域和事业。因为你做的事，别人也在做，很难期待获得出色的成果。实际上，那些没人敢走的泥泞之路，行走虽然艰苦，但却能通向光明灿烂的未来。

一个年轻人乘火车路过了一片荒无人烟的山野。由于旅途困乏，他百无聊赖地望着窗外，不知道该干点什么。这时，火车减速，一座农房慢慢进入了人们的视野。

这本是一间普通的平房，可因为它出现在人们神经极度困乏的时候，所以，几乎所有的乘客都睁大眼睛仔细地欣赏这个特别的风景。

看着这样的情景，这个年轻人的心为之一动。于是，他中途下了车，找到了那座房子的主人。年轻人向房子的主人表达了想要买下这所房子的意愿，房主听了，非常高兴。因为这所房子门前每天都要驶过很多火车，噪声实在使他们受不了，他们一直以来就想卖掉这所令人烦恼的房子，现在居然有人找上门，实在感到喜出望外。结果，这个年轻人仅用3万元就买下了那间平房。

年轻人买下房子并不是为了居住，他觉得这座房子正好处在拐弯处，火车经过这里都会减速，所以他就突发奇想，打算拿这座房屋专门做广告墙。于是，他开始和一些大公司联系，后来可口可乐公司用18万元租金跟他签下了三年合同。

一座被废弃的破房子，因为年轻人的创意成为跨国公司的广告墙，给年轻人带来了源源不断的收入。而那些与年轻人同车的旅客,习惯了固有的思维方式,看到的只是事物的表象,所以财富与他们总是擦肩而过。

这个年轻人敢于走别人没有走过的路,他不以现状,而是以其未来去看待事物的发展方向,努力去实践心中大胆的创意,终于迈向了成功。

洛克菲勒说过:"遇到困难和问题,我们应该学会改变思路,思路一转变,原来那些难以解决的困难和问题,就会迎刃而解了。"

每当非洲大草原的旱季来临,饮水就成了生活在这里的动物最艰难的事情。食草动物和食肉动物四处寻觅水源,本能告诉动物们,只有站得高、看得远才能最先发现水源。

动物们盯着天上的飞禽,它们往哪飞,动物们就跟在后面。在飞禽的指引下,动物们终于找到日渐干涸但仍有水的小湖。

老虎和狮子最先赶到小湖。虽然斑马和羚羊等奔跑的速度超过老虎和狮子,但由于路途遥远,它们要不断躲避老虎和狮子,以免被它们吃掉。老虎和狮子喝水后离开,接着,斑马、羚羊、猴子等也陆续赶到,集结在湖泊周围。

但是一个严峻的现实摆在大家面前,湖中鳄鱼密布,个个虎视眈眈。岸上的动物不敢贸然靠近,但又无法忍耐饥渴的折磨。市场就那么大,要想生存,必须敢冒风险。

最先冒险的是斑马,当一只前进时,许多斑马会陆续跟进,但很快有一只、两只被鳄鱼拖进水里成为牺牲品。

生与死的较量、进攻与脱险的游戏在一遍遍地悲壮上演。虽然许多动物不幸陷于鳄鱼之口,但饥渴难耐的"悲壮者"仍旧选择铤而走险。

这时猴子和黑猩猩的举动却显得异常,它们在岸上不断地奋战,挖掘着一个个"洞穴"。原来,猴子探索出一条引水的巧妙方法——就在离湖不远的低洼处,他们挖出一个个洞穴,当深度低于湖水面的时候,湖水会从地下渗透过来,这足以让猴子活下去。

任何事都不是一成不变的,用变化的眼光去把握一切,你才会获得新生。盲目跟随,那样将永远落后于人,永远呼吸不到新鲜的空气。阳光底下没有新鲜事,排列组合就是创新。不走寻常路,关键在于我们能否学会发现,学会用变化的眼光和手段创造性地解决问题。

就像稻盛和夫所说的,"干他人不想干的,做他人不曾想的"。这就是成功之道。

面对别人的成功,我们多多少少有些向往。然而成功就像一条路,这条路上泛滥着花花草草,但只缺少奇花异木,所以我们并不需要效仿别人,如能独创一格,勇于实践,走别人没有走过的路,那便能使成功之路异彩缤纷。

将创新导向成功的"正确的地图"

在开拓前人未涉的领域时,在自己的心中,必须具备指引方向的指南针,借以坚定前进的信心。所谓心中的指南针,就是类似于"信念"的强烈愿望,就是在达到成功之前绝不放弃,一步一步前进,天天钻研创新,日积月累。

在技术开发领域，稻盛和夫获得过"新型陶瓷先驱者"的荣誉，回顾自己的人生，稻盛和夫认为自己成功的经验就是拥有一种"不管怎样也要继续干下去"的信念，这种持续不断、不知疲倦的努力、钻研和创新，就是稻盛和夫事业成功的推动力。

在工作中，要想取得革命性的成果，光有专业知识，光靠积累技术还不够，还必须对工作具备强烈的"愿望"。

具备了这种强烈的愿望，在未知领域遭遇意想不到的困难时，才能克服它，才能将工作继续向前推进。其结果，就能超越常识，做出划时代的发明创造。

稻盛和夫认为，创新之路需要有"正确的地图"作为指引。打个比喻，创新的道路就像小船航行于漆黑的大海之上。这时没有灯塔，没有星光，小船要想在伸手不见五指的海面上保持正确的方向，就必须有地图和指南针来确定方向。否则，小船就会在海上困顿迷惑，不敢前行。

京瓷公司开发的太阳能电池已经成为京瓷的主力产业，但是取得令人瞩目的成功，京瓷公司花费了将近 30 年的时间。也许这个过程会像乌龟爬行一样缓慢，但是只要我们一步步踏实地工作，一段一段地积累业绩，就会向成功步步逼近。

有两人去登山远足，同时准备攀登一座 1884 米的高峰，他们出发前，还不知道自己的任务会有多么危险和艰难，所以都以乐观的心态准备迎接这项挑战。

两人开始了他们的登山旅程，一开始两人不分高低只是一直往上爬，谁也不让谁，可是因为山峰又高又陡的缘故，他们的速度渐渐变慢，两人都筋疲力尽，只见他们脸色苍白，汗珠不断地从他们身上渗出来。

他们没有因此放弃，只是休息一会儿，又继续往上爬，直到爬上了山腰，他们的脸部开始有些抽动，脸色更加苍白，连嘴唇也一样。这时有一个登山者放弃了这次比赛，下来时连站的力气也没有。

当他下山时，另一个登山者终于爬上了山顶。其实，放弃的那个登山者离山顶只有一小步，只要他再爬几步的路程，忍耐几分钟，就能够爬到山顶了。

坚持一下，成功就在你的脚下。持之以恒地挑战挫折，直到最后的成功。让过程中的压力成为你冲向终点的动力。一个绝境就是一次挑战、一次机遇。只要坚持一下，总有一天你会成功。无数的失败成就辉煌的人生。

20世纪全球最优秀的经理人通用电气公司总裁韦尔奇说过："一旦你产生了一个简单的坚定的想法，只要你不停地重复它，终会使之成为现实。提炼、坚持、重复，这是你成功的法宝，持之以恒，最终会达到临界值。"

由此可见，坚持不懈对于成功来说多么重要。在人一生的奋斗历程中，最终的输赢，并不在于你一下子用多大的力气，而在于你是否能够朝着自己确定的目标，持之以恒地坚持下去。

一个人的成功，就是靠每天进步一点点，不要小看这一点点，每天小小的改变，积累起来会有大大的不同。

就像稻盛和夫所提倡的，即使每一天的努力和钻研创新只有一点点的成绩，但是，如果积累1年、5年、10年，那么进步之大就极为可观，最终就能获得惊人的成果。

一步登天做不到，但一步一个脚印我们能做到；一鸣惊人不好做，但一股劲做好一件事,我们可以做;一下成为天才不可能,但每天进步一点点却有可能。

即使是平凡简单的工作,只要不断创新,也会有飞跃性的进步

无论多么渺小的工作,都要抱着问题意识,采取积极的态度对现状进行改良。能坚持这么做的人和缺乏这种精神的人,假以时日就会产生惊人的差距。

从创立京瓷以来,稻盛和夫向广泛的事业领域持续发起了挑战。从利用陶瓷做半导体电子封装零部件,到太阳能发电系统的开发,再到后来的手机、复印机、通信事业的拓展。稻盛和夫的成功并不是因为他具备了各行各业的技术。他说他只不过是"每天不断地进行创造性的工作"而已。可见,即使是平凡简单的工作,只要不断地钻研创新,也会带来飞跃性的进步。

稻盛和夫告诫年轻人,无论多么渺小的工作,都要抱着问题意识,采取积极的态度对现状进行改良。他断定,能坚持这么做的人和缺乏这种精神的人,假以时日就会产生惊人的差距。

只要我们在每天的工作中时刻思考着"这样做是否可行",带着"为什么"的疑问,今天胜过昨天,明天胜过今天,持续不断地对工作进行改善与改良,最终一定能取得出色的成就。

弗雷德是美国邮政一名普通的邮差,每当有业主搬入弗雷德管辖的

小区，弗雷德都会主动上门自我介绍："先生，上午好！我的名字叫作弗雷德，是这里的邮递员。我顺道来看看，向您表示欢迎，介绍一下我自己，同时希望能对您有所了解，比如您从事的行业。"弗雷德对待客户总是表现出兴高采烈的劲头。

弗雷德的相貌极为普通，他中等身材，蓄着一撮小胡子。虽然外表没有任何出奇的地方，但他的真诚和热情却溢于言表。每一个业主就是这样开始接受弗雷德的服务的。

弗雷德会根据业主的作息习惯对信件和包裹进行保管和投递，他还根据业主的职业特点提出个性化的邮政服务内容。他经常利用自己的休息时间拉近与业主之间的距离。弗雷德在不增加支出的同时，为客户创造了更大的价值。

邮差弗雷德的故事恰巧从一点一滴的日常小事中昭示了一个道理，就是在平凡的岗位上一样可以找出卓越的感觉，普通的工作一样可以实现从平凡到杰出的跨越。

弗雷德的工作是平凡的，但他在这平凡的工作中不但使自己更使旁人获得了无限乐趣。面对平凡的工作，弗雷德不是通过改换工作，而是通过改变自己的工作方式来增添工作的价值和乐趣。他用自己的乐观给每一天注入了崭新的内容。他告诉我们，只需举手之劳，一切就都变得不同。虽然我们所做的都不是什么惊天动地的改变，但是成千上万的小小改变累积起来，也会对自己和他人的生活形成深刻的影响。

李素丽是一名普通的公交售票员，但是她并没有因为售票员工作的平凡轻视这项工作，而是认真负责，尽力做好自己的本职工作。她自1981年参加工作以后，十几年如一日，在平凡的岗位上，把"全心全意为人民服务"作为自己的座右铭,真诚热情地为乘客服务,被誉为"老人的拐杖,盲人的眼睛,外地人的向导,病人的护士,群众的贴心人",1996年被全国妇联授予"全国'三八'红旗手"。

李素丽在近20年的售票工作中,在岗做奉献,真情为他人,用真情架起了一座与乘客相互理解的桥梁,把微笑送向了四面八方。她刻苦学习文化知识,认真学习英语、哑语,并努力钻研心理学、语言学,利用业余时间考察行车路线周边的地理环境,潜心研究各种乘客的心理和要求,有针对性地为不同乘客提供满意周到的服务。

李素丽售票台的抽屉里总是放着一个小棉垫,那是她为抱小孩的乘客准备的,有时车上人多,一时找不到座位,李素丽就拿出小棉垫垫在售票台上,让孩子坐在上面。她以强烈的服务意识和公交窗口意识,在三尺票台和车厢服务中,把社会主义的道德风尚传送到每个乘客的心坎里,净化了社会风气和人们的心灵,把流动的车厢变成了展示社会主义精神文明的窗口。她亲切、诚恳、朴实、大方、得体的服务,使平凡的售票工作升华为一种艺术化的服务。

她说:"如果你把工作当作一种乐趣,那么,工作会越做越好。如果你能找到工作的乐趣,那么,再苦再累也是心甘情愿的。"后来,李素丽组建了"北京公交李素丽服务热线",在北京市首次为百姓出行、换乘车提供24小时的交通信息。

张瑞敏曾经说过:把简单的事情做好就是不简单,把平凡的事情做好就是不平凡。只要我们在工作中不断改善、不断创新,耐住寂寞,从点滴做起,我们的企业就必将越来越好。

也许你现在正在从事一份平凡而又简单的工作,每天抱怨着重复枯燥的劳动，你感觉成功离你很遥远。当你把工作看成"不过是扫地而已"，懒于改进，磨磨蹭蹭的时候，那么一年之后你还是老样子，你做的还是扫地而已。所以，我们与其徒然抱怨，不如首先倾注全力充实每一个今天。

稻盛和夫的成功并非一蹴而就，他认为，人生只能是"每一天"的积累与"现在"的连续。此刻的这一秒钟聚集成一天，这一天聚集成一周、一个月、一年，等你发觉时，已经站在了先前看上去高不可攀的山顶上，这就是我们人生的状态。

千里之行，始于足下。无论多么伟大的梦想都是一步一步、一天一天积累，最终才能实现的。所以，不要把今天不当一回事，如果认真、充实地度过今天，明天就会自然而然地呈现在眼前了。即使不考虑以后的事，全力以赴地过好现在的每一瞬间，先前还未能看见的未来之像就自然而然地可以看见了。

我们完全有可能在平凡的工作中点燃自己工作的激情。如果把工作看作创造力的表现，那么一个教师就会以导演的热情讲好每一堂课；一个记者就会以探索的视角去看待所报道的新闻事实；一个厨师就会以艺术家的执着去配置一流的拼盘。只要我们学会从工作中寻找乐趣，全身心地投入工作，就可以不断创新，实现飞跃性的进步。

一方面是"埋头苦干"的决心，另一方面是"定能成功"的确信

取得成功的法则一方面是"埋头苦干"的决心，另一方面是"定能成功"的确信。只要我们坚持这种态度，永不言弃，那么事态一定会出现转机。

每个人都渴望成功，企盼成功。为成功而拼搏，就像前往一个遥远的圣地，道路是崎岖而漫长的，那我们用什么办法才能到达成功的巅峰呢？

稻盛和夫告诉我们，取得成功的法则一方面是"埋头苦干"的决心，另一方面是"定能成功"的确信。只要我们坚持这种态度，永不言弃，那么事态一定会出现转机，稻盛和夫把这种生存智慧称为"与宇宙意志相协调"。

无论做什么事情，信心是一切的开端，若没有对成功强烈的愿望，就"看不到"解决困难的办法，成功也就不会向我们靠近。为了变不可能为可能，就要有近似于发疯的强烈愿望，坚信目标一定能够实现并为之不断努力奋勇向前，这是达到目标的唯一方式。

古时候有一个和尚，决定要到南海去，但他身无分文，况且路途遥远，交通又极其不方便，但他没有被这些困难吓倒，他只有一个积极的信念："我行，我一定能到达南海。"于是他便沿途化缘，一步一步往南海的方向迈进。路过一个村庄化缘时，他碰到一个富和尚，富和尚问他："你化缘干什么？"穷和尚回答："我要去南海！"

富和尚不由哈哈大笑起来："凭你也想到南海，我想到南海的念头已经好多年了，但还一直没有成行。像你这样的人，还没到南海，不是累死就是饿死了，还是找个寺庙安稳度日吧！"穷和尚不为所动，固执地说："我行，我能成功地到达南海，实现我的目标，因为我对自己充满了信心。"

几年后，穷和尚从南海返回，又遇到了富和尚，这时富和尚还在准备他的南海之行。

穷和尚的故事告诉我们，坚定的信念是一种巨大的动力，它可以增强你的磁场，推动着你去做别人认为不可能成功的事情。

世上没有任何力量能拆散由信念黏合在一起的团体，决心和信念结成的长链，可以攀登任何一座峻山险峰。有了"定能成功的确信"，人才会冷静地面对挫折和困难，才有足够的勇气克服阻碍，从逆境中奋起，从失败中走向成功。

英国作家夏洛蒂很小就认定自己会成为伟大的作家。中学毕业后，她开始向成为伟大作家的道路努力。当她向父亲透露这一想法时，父亲却说："写作这条路太难走了，你还是安心教书吧。"

她给当时的桂冠诗人罗伯特·骚赛写信，两个多月后，她日日夜夜期待的回信这样说：文学领域有很大的风险，你那习惯性的遐想，可能会让你思绪混乱，这个职业对你并不合适。

但是夏洛蒂对自己在文学方面的才华太自信了，不管有多少人在文坛上挣扎，她坚信自己会脱颖而出。她要让自己的作品出版。终于，她先后写出了长篇小说《教师》《简·爱》，成为公认的著名作家。

不论环境如何，在我们的生命里，均潜伏着改变现实环境的力量。如果你满怀信心，积极地想着成功的景象，为达到成功的目标而踏实奋进，那么世界的景象就会变成你想要的模样。

现实生活中，虽然有很多人想要人际关系更好，收入更高，或者更健康，更成功。但是，不管想达到什么结果，这些结果都必须通过你采取的行动来完成。要有更好的行动，就必须下更好的决定，然而有更好的决定就必须先有更好的思想。

稻盛和夫说："无论做什么事都要有必胜的迫切心情，再加上单纯朴实地对待万物的谦虚态度——就能找到平日可能忽视的解决问题的线索。"这就是所谓的决心加信心。稻盛和夫坚信上帝会向那些吃苦耐劳、拼命努力的人伸出援助之手。所以,稻盛和夫时常激励自己的员工:"加油!加油!直到上帝都想伸手支援为止。"

"世上无难事,只怕有心人"。这句话说得中肯,说得深刻。那种只会说"我不行"而不努力实干的人,怎么会取得成功?只有坚信自己,努力,再努力,才会通向成功。

思想上积极,行动上主动,这才是掌握人生命运的法则。

忠告 6
工作就是一种修行，要从中悟出人生真理

为每次小小的成功而感动，并视为动力继续努力

每当研究工作进展顺利时，就要直白地表达出快乐；当研究成果受到别人的赞扬时，就要真诚地表示感谢。进而将这种喜悦和感动当作精神补给，然后继续投入到艰苦的工作中去。

人们常说"热爱工作""把工作当成乐趣"，但就像僧人艰苦修行，说起来容易，做起来却并非易事。所以，若是把自己当作苦行僧，一味强调吃苦耐劳而没有乐趣，也很难持之以恒。

因此，还必须从工作中寻找快乐，为成功而感动，将感动转化成为动力而不断努力。

稻盛和夫总结出的经验是，每当研究工作进展顺利时，就要直白地

表达出快乐;当研究成果受到别人的赞扬时,就要真诚地表示感谢。进而将这种喜悦和感动当作精神补给,然后继续投入到艰苦的工作中去。

这是在稻盛和夫进入公司后第二年发生的一件事,当时他正在全神贯注地测定试验数据。

那时,有一位京都名牌高中的毕业生,由于家庭经济原因,不得已当了稻盛的研究助手。当然,他是一位头脑十分聪敏的年轻人。他每天的任务是帮助稻盛测定试验数据。

助手正在测定有关数据,而在一边做预测一边做试验的稻盛说:"这种材料应该具有这样的物理性能吧?"

稻盛生性就有单纯坦率的一面。或许是因为这个原因吧,每次当试验测出的数据符合他最初的设想时,就会激动得"嘭、嘭"地从地上跳起来。

每当这时,他的这位助手总是站在一旁冷冷地用不解的目光注视着他。

这一天,和平时一样,一次试验完后稻盛又高兴得跳了起来,并对他的助手说:"喂!咱们成功了,你也该高兴高兴啊!"

但不料,助手说的一席话,让稻盛感到犹如一盆冷水从头顶一直浇到脚底,简直是透心凉。

助手用鄙夷的眼神看着他,说:"稻盛,我说句失礼的话,值得让男子汉开心得跳起来的事情,一生中也难得几次。但看你的样子,动不动就兴奋得手舞足蹈,甚至现在叫我也要同你一起激动,让我说你轻率好呢还是轻浮好呢?总之,我的人生观与你的不一样。"

当时的气氛很尴尬,空气的温度降到了冰点。

可以说稻盛的这位助手显得十分冷静和理性,但稻盛却怎么也接受

不了他的观点。只僵持了几秒钟,稻盛就反问道:

"你说什么呢?因为小小的一点成功就能感受到喜悦和感动,这样多好!研究这么艰苦枯燥,要想坚持下去多不容易。有了研究成果,就应该真挚地把高兴的心情表达出来。这种喜悦和感动能给我们的工作注入新的动力,尤其是现在研究经费不足、研究环境很差的情况下。想要把研究继续做下去,我们就要为每一个小小的进步而庆祝,这样才能给我们注入新的勇气。所以不管你说我轻率也好,轻浮也好,以后我照样要为我的每一个小小的成功而雀跃,并由此不断向前推进自己的工作。"

才参加工作两年,就能讲出这样一番道理,稻盛心里很为自己感到自豪。可惜他的这席话却不为他的助手所理解和认同。两年之后,这位助手悄然辞职,离开了公司。

如果当初这位助手能理解稻盛所说的话,为每次小小的成功而感动,并把它当作动力,更加努力地工作。那结果很可能就完全不同了。

这对于我们现代社会中工作劳碌的人来说,也是这样。尤其是在一些工作一筹莫展的时候,保持自己内心的感动和激情,将是我们走出困境的直通车。如果时常能在工作中为自己的小小成功感到欣喜,抱有一颗善于被感动的心,诚挚地对待生活的话,艰难的生活可能就会有所改变。请把感动带来的能量当作动力,更加努力地工作!这就是在漫长的人生征途中顽强生活的最好方法,也是稻盛一直坚持的信念。

工作场所就是修炼精神的最佳场所

工作场所就是修炼精神的最佳场所。只有这样,人们才能从努力工作中体味人生的真谛。

具体要怎样做才能砥砺人格、磨炼精神呢？是不是要深居山中或逆流搏击这样特别的修行呢？其实并不需要，刚好相反，稻盛和夫告诉我们，在这个凡俗的世界里，一心扑在工作上是最重要的。

释迦牟尼曾论述了作为达到大彻大悟境界的唯一修行方法——"精进"的重要性。稻盛和夫认为，所谓精进，是指把所有心思扑在工作上，专心致力于眼前所从事的工作。指出这是提高自己身心修养，砥砺人格的最重要、最有效的方法。

一次，云门禅师问僧徒："我不问你们十五月圆以前如何，我只问十五日以后如何？"僧徒说："不知道。"云门说："日日是好日。春有百花秋有月，夏有凉风冬有雪。若无闲事挂心头，便是人间好时节。"

日日是好日，每时每刻都能开掘快乐之源。这是一种积极的人生态度，也是禅向我们展现的魅力所在。如果你能清洗干净心中的烦恼，具备乐观的心态，那么还有什么能够困住你呢？

有一位住在佛罗里达州的快乐农夫，他就是一个将柠檬做成了可口的柠檬汁的人。他买下一块农地后，心情十分低落。因为土地贫瘠，既不适合种植果树，也不适合种庄稼，甚至连养猪也不适宜。除了一些矮灌木与响尾蛇，什么都活不了。后来他忽然有了主意，他决定将负债转为资产，他要利用这些响尾蛇。于是不顾大家的惊异，他开始生产响尾蛇肉罐头。之后的几年，几乎每年有平均两万名游客到他的响尾蛇农庄来参观，他的生意好极了。他将毒液抽出后送往实验室制作血清，蛇皮以高价售给工厂生产女鞋与皮包，蛇肉装罐运往世界各地。甚至当地邮局的邮戳都盖着"佛罗里达州响尾蛇村"。

如果一个人一开始工作，就觉得是做一件受罪的苦差事，那么就很难倾注自己的热情，所做的成绩也不会很出色，他的面前只是一片无边无际的荆棘。而如果一开始就抱着很大的热情和希望，把工作当成一种享受，憧憬着美好的前途，并尽其最大的努力去工作，情况可能就会完全不同了。即使眼前是一片荆棘，也会立刻消失得无影无踪，出现一条平坦光明的大道。

那些对工作满怀怨言的人，通常都是以自己为中心、整天只会想到自己有多么不快乐的人。满心欢喜的人并不会满脑子都是自己快不快乐的问题，他们会把时间和精力花在开创以及享受工作带来的乐趣上面。他们在无私奉献的同时，也能够享受喜悦。每一个人在工作中，都时常会面临一些巨大的压力，此时你完全可以按照禅法的指导，通过心灵的修炼，将那些阻碍、困扰你的日子，变成快乐、喜悦的日子。

一般人的想法认为，所谓劳动，是指为获得生活所需的食物、报酬的手段。尽可能缩短劳动时间的同时获得更多的薪水，业余时间按照自己的兴趣或业余爱好度过，这才是丰富美好的人生。在持有这种人生观的人里面，有人认为劳动似乎是人人都不愿意而又不得不去做的事情。

然而，劳动对人类来说却是具有更深远、更高尚的意义和价值的行为。劳动有战胜欲望、磨砺精神、改造人性的效果。劳动的目的不单单是简单地获得生存所需的食物。获取生存所需的食物不过是劳动的一点附属功能而已。所以，专心致志、一心一意扑在工作上是最重要的，这才是磨砺精神、提高心性的"修行"。工作场所就是修炼精神的最佳场所。只有这样，人们才能从努力工作中体味人生的真谛。

稻盛和夫举了这样一个例子。

出身贫寒的二宫尊德，虽是一个毫无学识的农民，但是，凭着一把锄、一把锹，从早到晚披星戴月耕田劳作。最终，他通过辛勤努力的劳动，把一个贫穷的农村发展成为富裕的村庄，成就了一番大事业。

凭着这样不俗的业绩，不久他得到了德川幕府的起用，在宫中和诸侯平起平坐。尽管此前他未学习任何礼仪，但是举止言谈之间自带威严，连神色也极尽富贵之态。

毫无疑问，全身沾满汗水和灰尘、不懈地坚持田间劳作的"精进"，已潜移默化，扎根于内心，陶冶了二宫尊德的性情、砥砺了人格，人品也达到了更高的境界。

像二宫尊德这样专心致力于一件事、努力勤奋工作的人，通过日常的精进，精神自然得到磨炼，进而形成厚德载物的品格。

有句拉丁语谚语说，"与其完成工作，不如完善做工者的人格"，一个人人格的形成也是通过工作的完成才实现的。也就是说，哲学产生于辛勤的汗水中，精神在日常的工作中得到了修行。埋头干好本职工作，想方设法，不懈努力。这样做就意味着珍惜人生中的每一个今天，珍惜当下的每一个瞬间。

稻盛和夫经常对他的员工说，必须"极其认真"地过好每一天。生命只有一次，千万不能浪费，要"竭尽全力"，真挚、认真地生活着——继续这种看似朴素的生活，平凡的人不久也将旧貌换新颜，变成非凡的人。

世界上所谓的"名人"，在各自的领域攀登顶峰的人，几乎都经历了这个过程。劳动，就是这样一种神奇的东西，既创造经济价值，又锻炼人格。

所以,"精进"并不需要脱离世俗的社会,工作现场就是最好的修行精神的地方,工作本身就是修行。通过每天辛勤的工作,在形成高尚人格的同时,我们也一定能够收获一个美好的人生。

觉得失败的时候,其实才刚刚开始

人的命运不是像铺设的铁轨一样被事先定下来,而是根据自己的意念能好能坏。

失败不可怕,它其实只是才刚刚开始。如果你能坚持下去,展现在你面前的则是成功的画卷。

年轻时的稻盛和夫,做任何事情都不顺利,事与愿违,而且希望屡屡落空。那时的他常想,我的人生为什么不顺利呢?我是个多么不幸运的人啊!似乎被上天所遗弃。他也发过牢骚、不满意、怨天尤人。然而幸运的是,在反复挫折的人生中,他慢慢醒悟过来,原来这一切都因自身的心理而起。

最初的挫折是经历中学升学考试的失败。之后不久,稻盛又不幸感染了结核病。在那个时代,结核病是不治之症,而且他家里的二位叔父、一位婶婶都因感染结核病而死,因而他们的家庭被称为"结核病家族"。

"我也吐血了,不久也会死吗?"还很幼小的稻盛质疑着自己的生命。

遭受悲痛的折磨，被病魔与痛苦彻底击垮，无力支撑持续低烧的身体，他只能卧倒在病床上。

那时候，邻居阿姨可怜稻盛，把谷口雅春的《生命的真相》一书给他看。对于一个还没有进入中学的孩子来说，这本书的内容有点困难，但是他一心想找点寄托，便一知半解地埋头读下去。

"我们内心有个吸引灾难的磁石。生病是因为有一颗吸引生病的羸弱的心。"这些话吸引了稻盛。谷口先生用了"心要上"这个词，来阐述人生中的遭遇全部是自己内心吸引来的，包括生病。所有一切都是由内心的状况投射到现实中来的。

虽然生病由心相投射而至的说法有些残酷，但对那时的稻盛来说恰恰说准了。原来叔父患结核病，离开自己的家疗养时，稻盛非常害怕被传染，总是捏着鼻子跑过叔父睡觉的房间。而稻盛的父亲义无反顾地承担起照料的责任，哥哥也认为不会那么容易感染而若无其事。总之，只有稻盛似乎非常嫌忌亲戚生病，总在躲避。

似乎遭受上天的惩罚，只有小稻盛感染了。想回避、逃避的心，非常厌恶生病的那颗羸弱的心吸引了病灾。就因为害怕，而害怕的事情就发生了。消极思考的心灵吸引了消极现实的应验。

幸亏结核病治愈，稻盛又可以返回学校读书了。在那之后，他和失败、挫折的缘分并未完全结束。大学入学考试和第一志愿也不合格。结果只得进入本地大学求学，成绩很好，但在毕业时，恰逢朝鲜战争结束，因军需而出现的繁荣景象逐渐消失，经济开始走下坡路，多次就业考试接连失利。有时，地方新办大学的毕业生甚至连考试的机会都没有，这不禁让他暗暗诅咒世道不公和自己命运之不济。

那时的稻盛自问，我为什么是一个这么不走运的人呢？去买彩票吧，前后的号码都中奖，只有我"没有中"。反正结果总是徒劳，于是心慢慢朝着错误的方向倾斜。由于他对自己的空手道颇有信心，于是就想破罐破摔，曾一度在闹市区的某个暴力集团事务所门前徘徊。

总算好在有大学教授的关照，稻盛进入京都的电瓷制造工厂。但这是一家破烂不堪的公司，任何时候倒闭都不足为奇，到期发不出工资似乎是理所当然的事，连经营家族内部还在发生内讧。

好不容易进去的公司竟然是这种状态！同期进入公司的几位同事每每相遇，都牢骚满腹，发泄不满，商量着什么时候辞职。过了不久，同事们接连辞职，另寻他就，最后只剩下稻盛一人留在公司孤军奋战。

出人意料的是，改变了以前进退两难、犹豫不决的心态后，稻盛反而感到豁然了，心情也愉快多了。感叹怀才不遇、怨天尤人也是枉然，于是心情自然有了180度大转弯，便决心使出干劲搞好工作，努力参与研究。从那以后，他把锅碗瓢盆等生活用具都搬进了实验室，要求自己每天坚持研究。

心境的变化使他看到了回报，研究成果日见成效。他的成果有目共睹，随之而来的是上司如潮的好评，而他自己则更加忘我地工作，然后收获更好的结果，由此渐渐进入了良性循环。

终于，稻盛通过自己独特的方法，首次在日本成功合成、开发了应用于电视机晶体管里电子枪上的精密陶瓷材料。那时电视机在日本刚刚开始普及。

周围给予的评价更高了，稻盛甚至已不关心自己延期支付的工资，反而觉得工作极其有趣，而且能体会到人生的意义。随后，基于此时掌握的技术和积累的成绩，他一手创办了京瓷公司。

从改变内心想法的瞬间，稻盛和夫的人生就改变了。以前的恶性循环停止，良性循环随之开始运转。从这段经历中，他深深地体会到人的命运不是像铺设的铁轨一样被事先定下来，而是根据自己的意念能好能坏。

总之，自己身上所发生的一切都是自己内心意念的结果。经过种种挫折和曲折后，他终于体会到这个贯穿人生的真理，并一直把它牢牢记在心底。

人有盛衰荣辱，即使认为命运是由自己亲手开拓的人，他的人生低谷与高峰、幸福与不幸也是由自己的心相呼唤而至的。发生在自己身上的一切，其实都是由自己播下的种子。我们所遇到的种种不幸和失败，也许就是一个开始，如果你能用你的内心克服它，你将会获得令人羡慕的成功；如果不能，等待你的是更多的不幸和失败。

人生都是由自己创造的，能够改变命运的只有我们的内心。在日本人的思想里，这就叫作"立命"。

思维方式的画笔在人生的花园里描绘出每个人自己的人生彩图。因此，人生色彩如何，取决于你的心相。觉得人生失败不如意的时候，其实只是个开始。

"田地里的劳作"也是耕耘内心的方式

劳动虽然艰辛，但却能带来喜悦感和自豪感，并能让人们明白生活的意义。通过每一天认真踏实的工作，会逐步铸成你独立优秀的人格。

稻盛和夫认为劳动虽然艰辛，但却能带来喜悦感和自豪感，并能让人们明白生活的意义。通过每一天认真踏实的工作，会逐步铸成你独立的优秀的人格。

从古至今，从东方到西方，只要翻开伟人们的传记，我们就会发现，凡是功成名就的人毫无例外地都是通过不懈努力，历尽艰辛，埋头于自己的事业，才取得了巨大的成功。通过艰苦卓绝的努力，他们在成就伟大功绩的同时，也造就了自己完美的人格。

相声语言大师侯宝林只上过三年小学，由于他勤奋好学，使他的艺术水平达到了炉火纯青的程度，成为有名的语言专家。

有一次，他为了买到自己想买的一部明代笑话书《谑浪》，跑遍了北京城所有的旧书摊也未能如愿。后来，他得知北京图书馆有这部书，就决定把书抄回来。

适值冬日，他顶着狂风，冒着大雪，一连十八天都跑到图书馆里去抄书，一部十多万字的书，终于被他抄录到手。

正是因为侯宝林热爱自己的工作，才会全身心地投入到自己当前该做的事情中去，聚精会神，精益求精。这种对待工作的热忱和认真就是在耕耘自己的心田，造就自己深沉厚重的人格。

古代罗马斯多葛派哲学家们曾经说过：没有卑微的工作，只有卑微的工作态度。如果一个人轻视他自己的工作，而且做得很粗陋，那么他绝不会尊敬自己。如果一个人认为自己的工作辛苦、烦闷，那么他的工作也绝不会做好，这份工作也无法发挥他内在的特长。

刚开始做旋车工的萨姆尔日复一日的工作就是旋螺丝钉，看着那一大堆等待他去旋车的螺丝钉，萨姆尔满腹牢骚，心想自己干什么不好，为什么偏偏来旋螺丝钉呢?

萨姆尔开始寻找一个积极的办法,使单调乏味的工作变得有趣起来。于是,他和工友商量开展比赛,看谁做得快,工友和他颇有同感。这个办法果然有效,他们工作起来再也不像以前那样乏味了,而且效率也大为提高。不久,他们就被提拔到新的工作岗位。

后来,萨姆尔成了著名的鲍耳文火车制造厂的厂长。

所以不要把工作看成一种谋生手段,而应该把工作当成一种乐趣,这样你才能为工作投入,甚至会为它痴迷,这时所有的困难都会变得轻松起来,因为工作已经成为一种快乐和享受。

正如稻盛和夫所讲:"工作最重要的目的在于通过工作来磨炼自己的心志、提升自己的人格。"现在日本有许多优秀的工匠,他们认为劳动是既能磨炼技能又能磨炼心志的修行,每当他们刻苦努力地制造出赏心悦目的产品,就会感到有一种说不出的自豪和充实。他们已经把劳动看作自我实现、完善人格的"精进"的道场。

生命不息,精进不止。只有通过工作,才能保证精神的健康,在工作中进行思考,工作才是件快乐的事。专注于工作,一心不乱,如同"田地里的劳作",我们就可以锻炼心性,磨砺灵魂,塑造人格。

越想逃避困难,越是招致灾祸

在遇到难题的时候,不要逃避而是要勇敢面对。不论要付出什么样的代价,一定要下决心完成任务,要睁大眼睛从各个角度来看待形势。

人的一生会遇到很多困难，而这些困难大多是不能逃避的，因为，逃避了反而会付出更大的代价去解决。人在面对困难时，如果总是想绕道而行，犹豫不决，畏首畏尾，那么困难不会自己退缩，反而会像滚雪球般，越滚越大。

有三位旅行者，夜里想要去投宿，但是却被一块大石头挡住了去路。爬也爬不过去，绕也绕不过去，正在发愁的时候，一个和尚路过，说他有办法但需要付100文钱，第一个人毫不犹豫地给了钱就过去了，第二个人讨价还价，但是和尚随后就将价钱涨到了200文；到第三个人准备想支付200文时，和尚已经把价钱涨到了300文。

面对困难时不能逃避，逃避困难的时间越长，付出的利息自然就越多。只有积极迅速地寻找解决措施，最终才不会付出更大的代价。

稻盛和夫说，在遇到难题的时候，不要逃避而是要勇敢面对。不论要付出什么样的代价，一定要下决心完成任务，要睁大眼睛从各个角度来看待形势。当面对困难需要解决的时候，一定要以诚恳和谦卑的态度，明察秋毫地来审视它。

稻盛和夫认为，即使是在最难熬的逆境中，也要永远保持快乐的心情、积极的态度，并充满热诚；要拥有开阔的心胸、时时不忘实现自己的目标；把所有的疑虑、负面的想法从心中根除。一个企业家就是要拥有毫不动摇的决心、努力和愿意面对无数危难的精神。不要因为接踵而来的挑战，就朝负面的方向想，变得悲观而愤世嫉俗。

戈登·麦克唐纳在他写的《上帝赐福的生活》一书中讲述了他在科罗拉多大学田径队的经历，尤其是与队友比尔一起经历过的那些艰苦训练。

"直到今天，我都能清楚地记得我们每个星期一下午的训练，"戈登说，"回忆起当时的情景，我还能感觉到当时训练的疲劳。每当星期一下午训练结束后，我总是筋疲力尽，步履蹒跚地走回更衣室。"

但比尔却不一样，毫无疑问，训练对他也是很苦很累的。但每次训练结束后，他却总是在跑道附近的草地上休息。20分钟后，就在戈登冲澡的时候，比尔又把整个训练过程重复了一遍。

比尔并不认为自己是学院里最出类拔萃的运动员。在他就读科罗拉多大学期间，他从未得过一枚全国大专院校锦标赛的奖牌，也从未被提名为全美杰出人士。比尔说："我不是伟大的运动员，但我奉行的是'积累'的信念……那就是，虽然在日常训练或比赛中没有取得大的成绩，但做好许多小事却能让你积少成多。"

比尔在大学期间或许并没有什么大的影响，但随着时间的推移，他的自律和决心得到了回报。除坚持他自己最拿手的跳远和400米跑以外，他还接受其他项目的培训，以便能参加十项全能比赛。靠着坚定的自制力和进取心，这位曾与戈登·麦克唐纳不相上下、毫无名气的运动员最后闻名世界。这就是比尔·图米，这位十项全能运动员于1984年被载入了奥林匹克的荣誉殿堂。1966年，他创下了十项全能世界纪录，1968年东京奥运会又获得了一枚金牌，还曾连续五次获得美国十项全能赛冠军，这一成绩迄今无人能够打破。

使比尔取得如此出色成绩的原因正是他不怕困难、迎难而上的信念。戈登·麦克唐纳的思考说明了一切："我们俩之间的差别就是始于星期一下午的训练。他不畏艰辛，尽最大努力；我惧怕困难，得过且过。"

生命是自己的，想活得积极而有意义，就要勇敢地挑起生命中的重大责任。向高难度的工作挑战，这是对自己生命的提升，也是让人生价值最大化的一个快捷途径。在工作中也是这样，做最困难的事才能显示你的能力和价值。

在工作和生活中，有些人总是抱着付出更少、得到较多的思想行事。工作和人生的因果法则是多劳多得、少劳少得，没有不劳而获的。因此，无论在工作中，还是在整个人生之中，不逃避困难才是我们最好的选择。工作时，应该学会停止把问题推给别人，应该学会运用自己的意志力和责任感，着手行动，处理这些问题，让自己真正承担起自己的责任来。

只要我们以积极主动的态度，努力改进自己的工作，驱策自己不断前进，就会使自己从激烈的竞争中脱颖而出。

稻盛和夫认为，对于任何事情，都要认真去面对、接受挑战——这也是"置之死地而后生"。也就是说，面对困难不逃避，直面应对。而面对困难，我们是视而不见，回避推诿，还是不折不挠，直面应对，这是能否取得巨大成功的分道标。无论什么事都要有必胜的迫切心情，再加上单纯朴实地对待万物的谦虚态度——就能找到平日可能忽视的解决问题的线索。勇于面对困难，把自己逼至极限。有了这种意志就能变不可能为可能，孕育出丰硕的果实。正是这种积累，给人生这台戏的剧本注入生命，使之成为现实。

忠告 7
以最大的热情投入工作，才能有所成就

不热爱工作，就改变心态

试着改变态度，再全心地更积极地投入现在的工作，如果能够到达忘我的境界更好，如此一来，不但可以克服苦难和挫折，而且能够开拓出一片光辉景象。

美国石油大王洛克菲勒在给儿子的一封信中写道关于"天堂与地狱比邻"的观点，尤其是信中洛克菲勒关于工作意义的精妙表述，不禁让人震撼。"倘若你视工作为一种乐趣，人生就是天堂；抑或你视工作为一种义务，人生无疑就是地狱"。

在稻盛和夫看来，有很多人是在不明白工作真谛的前提下，被动地去进行自己的工作，因此常常感到烦恼、失败和困惑。通过总结自身多年的工作经历，稻盛和夫坚定地认为，试着改变态度，再全心地更积极地投入现在的工作，如果能够到达忘我的境界更好，如此一来，不但可以克服苦难和挫折，而且能够开拓出一片光辉景象。

灵魂有可能得到磨砺而升华，也有可能产生污点，这都取决于"人生态度"。由于所选择人生的度过方式不同，人的精神既可能因此而变得高尚，也可能因此而变得卑鄙。

有不少世间的英才因为没有一个好的心态而误入歧途。才智越是出类拔萃，就越是需要指针来正确指引方向。该指针就是理念、思想或是世界观。

你在工作中快乐吗？许多人在工作中存在这样的困扰。诚然，大部分工作是枯燥无趣的，想想下面的这些工作吧，也许你会明白很多事情：

（1）高速公路的收费员：一天都是面对一个小窗口，把一张卡片送出去，要持续好几年。

（2）学校食堂厨师：常年在烧鸡腿，烧一年。

（3）销售部门：产品滞销，8点上班来就站在店里，一个人，坐到晚上6点，今天没有一个人来，和昨天一样。

（4）作家：交稿期要到了，还没有灵感，两个星期没吃早饭了。

（5）公司职员：晚上加班到夜里2点，第二天还要9点准时去上班。而且路上乘车还需要1个小时，这样已经2个月了。

（6）外科医生：刚刚睡着，立刻被叫醒去做一个5小时的大手术，这样至少一周一次。

（7）宠物商店店员：生意不好，还要一早就过来听着20条狗的叫声一整天，听一年。

由此可见，工作不是玩乐，各有各的辛苦。但如果工作不是你所热爱的，就试试改变心态，快乐地工作，坚持下去，就会在工作中得到乐趣，逐渐变成主动从工作中寻找乐趣，从寻找乐趣渐渐地会变成热爱工作。在工作中最大的收获就是得到了充实、满足的感觉。

首先要调整好自己的心态。每个人的职位不同，待遇不同，工作心态也有所不同，但一定要调整自己的心态，不管你多么不喜欢这个职位，多么不满意现有的待遇。良好的心态会使平凡的工作充满乐趣，哪怕在工作中遇到困难和挫折，也会很快走出失望的阴影。只有这样才能以一个良好的状态迎接新的机遇与挑战，工作和生活会更加充实、愉快。所以，不管你在何时，职位发生什么样的变化，都要调整好自己的心态，才能淡泊名利，把所有的精力放在做好本职工作上。

一阵暴风雨过后，天气逐渐转晴。一只被风雨击落的蜘蛛艰难地向墙角已经支离破碎的蜘蛛网爬去。然而，被雨水浇湿的墙壁变得异常光滑，蜘蛛在潮湿的墙壁上艰难地爬行：当它爬到一定的高度，就会突然掉落下来。但是蜘蛛并没有因此而放弃，它还是一次次地向上爬，又一次次地掉下来……这时，有一个人从墙边慢悠悠地走过，当看到这种情形时，不禁联想到了自己的一生。他叹了一口气，自言自语道："我的一生不正如这只蜘蛛吗？一次次地失败，还这样固执地从头再来，只是这般忙忙碌碌而无所得，又有什么作用呢？"于是，他日渐消沉，对生活彻底丧失了信心。

第二个人看到了这个场景，很遗憾地说："这只蜘蛛真是愚蠢啊，为什么不从旁边干燥的地方绕一下爬上去呢？不仅省时间，还省力气。我以后可不能像它那样愚蠢，一定要学会走捷径，这样才能活得潇洒啊！"

后来，他变得更加聪明起来，懂得从侧面来思考问题。第三个人被蜘蛛屡败屡战的精神感动了。"尽管是一只小小的蜘蛛，却具有一种不屈不挠的生活态度。"他这样想。于是，他变得更加坚强起来。

悲观的人，轻易便被失败打倒，因为他们看不到生活的积极面，结果只能是自甘消沉；拥有良好心态的人往往更容易成功，因为他们懂得思考，善于吸收优点，自然会走上成功的道路。培养良好的心态，将使你紧随成功的步伐向前迈进。

稻盛和夫说，一个良好的态度同样会激发我们对于工作的责任心。在工作中需要责任心，因为这样一个人才会去想方设法干好自己的本职工作。每个人扮演着不同的角色，不同的角色担负着不同的责任，人人都有自己的责任。

比如说工作在车间的工人，在开动机床开始工作时，其实就已经肩负起许多责任了。要对自身的安全负责，要对家庭、对企业负责等，一旦出了事故，给家人、企业带来的伤害便是不可估量的。所以说对于所有员工来说，在工作中树立责任心，就是成就事业的基础，也是搞好工作的前提。

如果一个人对工作的态度没有调整好，自然就没有责任心，那么，他在工作中也不会有多大的成就。

好心态会使人对未来的工作充满信心。有了信心，做起事来才会有干劲，才会产生无限的激情。其实，仔细想想，在如今这个竞争激烈的社会，能在其中占有一席之地，拥有一份稳定的工作，已经是相当的幸运了。

与其寻找喜欢的工作，不如先喜欢上已有的工作

即使幸运地进入了自己心仪的企业，但是要能被分配到自己所期待的岗位、从事自己喜欢的工作，这种机会几乎不存在。所以说，大部分初出茅庐的新人，必须从"自己不喜欢的工作"开始。

热恋中的情人，往往会做出狂热得让别人目瞪口呆的事，但他们却能泰然处之。相信经历过恋爱的人很容易理解。当然，年轻时的稻盛和夫虽然一心扑在工作上，却也亲身经历过这样的事。

稻盛和夫在创建京瓷以前，每当繁忙的工作之余比如星期日，有时会和关系亲密的女孩子约会。看完电影之后，稻盛送她回家。本来有电车可以搭乘，但是稻盛好几次提议提前一站下车，和女孩边走边谈心，走了很久一段时间才把她送回家。

其实当时稻盛总是工作到很晚，也很辛苦，但是多走的一段路程却一点也不觉得疲劳，反而觉得很愉快。

据他说是"有情人相会，千里变作一里"，这句话恰如其分地表达出他当时的心情。

工作也是一样的，只有热爱工作、全身心投入地拥抱工作才会不知疲倦。

也许在局外人看来，那么辛劳、艰苦的工作实在太可怕，忍受都难以忍受，更不用说坚持了。但作为当事人来说，倘若你自身热爱并迷恋着这样一个工作，再辛苦也能承受，无怨无悔。

正因为当时的稻盛热爱着、迷恋着他的工作，才不觉得苦涩，兢兢业业，一切不在话下。

人就是这样一种神奇的动物，对于自己喜欢做的事，再苦再累也毫无怨言，能够欣然接受。而做好任何一件事达到成功的条件，就是承受辛苦、付出不懈的努力。喜欢自己的工作是非常关键的前提，因为仅仅这一条就可以决定人一生的成败。

人们都希望拥有一个充实完美的人生，摆在我们面前的只有两种选择：第一个是"找到自己喜欢的工作"，第二个则是"喜欢上已有的工作"。一个人喜欢的工作可能只有那么几种，而能够碰上自己感兴趣的工作的概率，连"千分之一""万分之一"的概率也没有。况且，即使幸运地进入了自己心仪的企业，但是要能被分配到自己所期待的岗位、从事自己喜欢的工作，这种机会几乎不存在。所以说，大部分初出茅庐的新人，必须从"自己不喜欢的工作"开始。

但是，大多数人都抱着勉强接受、不得不去做的消极态度对待自己不喜欢的工作。因此对自己当前的工作总是感到不称心，于是满腹怨言、怪话连篇。日复一日，本来潜藏着无穷潜力、前程似锦的人生只会变得越来越暗淡。

所以说不管怎样，喜欢上自己已有的工作是成就一个人的前提。

在科研过程中，也是同样的道理，青年科技工作者不应该以任何借口来推托自己的工作职责，而应该以积极的心态和百倍的热情去挑战它。热爱自己的本职工作是不可或缺的因素。

我国著名的精神分析家秦伟，他在幼年时患上小儿麻痹症，小学二年级辍学。但他靠自己坚强的意志自学中医，最终以优异的成绩考上了上海中医学院研究生，毕业后又继续到华东师大心理学系深造，获得博士学位。但他不甘心于此，在川大工作十几年之后，又到法国攻读了精神分析博士。一名身有残疾的青年如果没有对自己事业的热爱，那么他永远成为不了一名优秀的精神分析家。

所以，对工作的热爱促使一个人干好自己的工作，也能从中体会到工作带给自己的快乐和充实。工作给他们带来荣誉感、成就感，但有时也会让他们伤心和沮丧。但只要一如既往地热爱工作，充满热情地去完成工作，用生命去做工作，去包容工作中的一切困难，就一定能获得事业上的建树和成功。

把自己从事的工作当成自己的天职，这种积极健康的心态非常重要。如果不肯抛弃"工作是别人强加于我的"这种消极意识，那么工作只会给你带来更多的痛苦。这样就无法从工作的"苦役"中解脱出来而爱上眼前的工作。

与其苦苦寻找自己中意的工作，不如先喜欢上自己得到的工作，凡事脚踏实地，一切从眼前开始努力。也许喜欢的工作，往往就像一座空中楼阁，美丽却不太实际。而自己得到的工作就像一座真实存在的房屋，虽然简单却能遮风挡雨，可以一点一点去修整完善它。

在成长的过程中，你是否有这种感觉？满怀激情和梦想来到工作岗位，经历了许多挫折磨难。每天朝九晚五，拼命地工作，但渐渐地，突然感觉那曾经的朝气和梦想已不复存在，工作并不是自己所喜欢的，每天都感到沉重而痛苦。

只有爱上自己的工作了，才能不辞辛苦，不把困难当困难，全心全意地埋头工作。这样一来，自然而然就能获得发自内心的力量，长此以往,就一定能做出成绩来。有了成绩,才能获得大家的赞扬。获得了大家的赞扬,才会更加喜欢工作。正面循环就这样被激活了。

想让自己的工作结满硕果,首先必须要爱上工作,除此以外别无他法。在西方国家,敬业是一门必修课。几乎每个职场新人在得到一份工作之后,先要学会尊重自己的岗位,热爱自己的职业。曾有人说过,工作是我们赖以为生的基石,没有这块基石,我们的生活就无从谈起,我们人生的梦想更无从实现。是的,工作是需要人们竭尽全力、用生命去做的事。人们应该满怀着尊重和热爱的心情,尽自己的努力把工作做到完美。

长期专注,愚钝者变为非凡人

孜孜不倦、默默努力的力量是解开平凡魔咒的秘诀,亦即脚踏实地地走过每一天,每天坚持积累,使得平凡变成非凡。

日本筑波大学教授村上和雄曾经简单明了地解释了"火灾现场的异常力量"。这种力量是人们在极限状况下爆发的力量,而在平常状态下却处于"休眠"状态。由于人类遗传基因的功能通常都处在关闭状态,这个开关一旦被打开,那么潜藏的能量就会被发挥出来。

当潜在能力变成打开状态时,积极的思维、正面的想法等向前的精神状态将会发挥很大的作用。在遗传基因层次上得到了证明:思想的力量使人类的潜能几乎可以尽可能地扩大。

一般来讲,在人们头脑中所希望实现的事情,基本上大多数愿望都属于通过一定的努力可以实现的范围。简言之，每个人的头脑里都隐藏着实现愿望的潜力。

金出武雄在《像外行一样思考，像专家一样实践——科研成功之道》里面提到"思维体力"的概念。其实所谓思维体力，就是指能够持续集中注意力的时间，注意力的高度集中造就非凡专家，天才来源于长期的专注的训练。虽说树立崇高的个人理想是重中之重，但是朝着目标一步步迈进的艰难漫长的过程却是更为关键的，这与勤奋努力是不可分割的。

坚持不懈的恒心是成大事者的可贵品质。每个人都有自己的理想，可是却并不是谁都能坚持自己的理想一路走下去。只有善始善终的人，才最有可能实现自己的梦想。少年时候的拿破仑就有这样坚持不懈的毅力。

拿破仑出身于穷困的科西嘉没落贵族家庭。少年时，拿破仑的父亲就送他进了一个贵族军校。他的同学都很富有，大肆讽刺他的穷苦。拿破仑非常愤怒，却一筹莫展，屈服在威势之下。就这样他忍受了足足 5 年。但是这 5 年中的每一次嘲笑、每一次欺侮、每一次轻视，都使他暗暗下定决心，发誓要让那些人看看他确实是高于他们的。但是光有决心还不够，还必须拿出实际行动，并且一直坚持下去。

他来到部队的时候，看见他的同伴和在学校里的同学一样，他们用多余的时间追求女人和赌博。在部队里，他那不受人喜欢的体格使他没有资格得到本该得到的职位。同时，他的贫困也使他失掉了后来争取到的职位。于是，他决定用埋头读书的方法去努力和他们竞争。读书和呼吸一样是自由的，因为他可以不花钱在图书馆里借书读，这使他得到了很大的收获。

他并不是读没有意义的书，也不是专以读书来消遣自己的烦闷，而是为自己的理想作准备。他下定决心要让全天下的人知道他的才华。他住在一个既小又闷的房间内，在这里，他脸无血色，孤寂、沉闷，但是他却不停地读书。通过几年的刻苦攻读，他从书本上所摘抄下来的记录，经后来印刷出来的就有400多页。他想象自己是一个总司令，将科西嘉岛的地图画出来，运用数学的方法精确地计算出哪些地方应当布置防范。这使他第一次有机会展示自己的才华。

他的长官看见拿破仑很有学问，便派他在操练场上从事一些有极强的计算能力的工作。他的工作做得很好，于是他获得了新的机会，拿破仑开始走上了新的道路。拿破仑的权势越来越大，最终他凭借着自己的才华，开创了一个属于他的时代。

稻盛和夫说，他本人并不器重才子，曾有很多优秀且聪明的人才进入京瓷公司，但正是这些优秀的人才认为公司没有前途，纷纷跳槽，所以迄今为止，留下来的那些都是当初平凡的、不太聪明的、无跳槽才能的，甚至是被认为愚钝的人才。但是在10年、20年后，这些曾经被认为是愚钝的人才都已经晋升为各部门的领导。是什么让愚钝者变成了非凡的人物呢？孜孜不倦、默默努力的力量是解开平凡魔咒的秘诀，亦即脚踏实地地走过每一天，每天坚持积累，使得平凡变成非凡。

约翰和汤姆从小一起玩耍，一起上下学，住在同一个街区。约翰是个极其聪明的孩子，大家夸他天资过人，学什么一点就通，在学校名列前茅。他自己也感到很骄傲。相反，汤姆在约翰的对比下则显得有点愚钝。尽管汤姆非常用功，但学习成绩却不是很尽如人意。因此他时常流露出自卑的情结。

汤姆的母亲却一如既往地鼓励他说，在开始时，有些骏马遥遥领先，但最终抵达目的地的，却往往是骆驼。如果你能不断努力，就能够实现最终的梦想。

后来，汤姆母亲的话被事实——印证。聪明的约翰一生业绩平平；而愚钝的汤姆，却不断地努力，成就了一番事业。

约翰死后的灵魂飞到天堂，质问上帝：我远比汤姆聪明，应该比他更出众，可为什么他却成了成功者呢？

上帝笑着回答说：我把每个人送到人世间，在他生命的"褡裢"里放了同样的两件礼物——"聪明"和"努力"。只不过你把"聪明"放在了"褡裢"的前面。你因为常常看到"聪明"而欣喜，却忽视了"努力"，所以一生没有什么成就！而汤姆却把"努力"放在"褡裢"前面。他把自卑转变为努力，所以他能够成就辉煌。

如果聪明人依仗自己的小聪明而不付出努力，就会逐渐变得平庸；如果愚钝的人总觉得自己不够聪明而刻苦努力，就会逐渐变成非凡的人。

稻盛和夫十分赞同中国明代思想家吕新吾对人资质的划分。在吕新吾的《呻吟语》中曾有这样的句子："深沉厚重，是第一等资质；磊落豪雄，是第二等资质；聪明才辩，是第三等资质。"稻盛和夫认为，"居于人上的领导者需要的不是才能和雄辩，而是以明确的哲学为基础的'深沉厚重'的人格，谦虚、内省之心、克己之心、尊崇正义的勇气，或者不断磨砺自己的慈悲之心"。

在京瓷公司还处于乡村工厂的阶段时，员工还不满百人，稻盛就反复对员工们说：京瓷公司一定能成为世界第一流的大公司。尽管这个梦想在当时遥不可及，但稻盛内心始终坚持着这个梦，并且想把它实现给大家看。

可是，无论梦想多么高远，在现实中也必须脚踏实地干好工作，每一天都要尽全力踏实努力地重复简单的日常工作。继续昨天的工作，推进今天的工作，计划明天的工作。挥洒汗水，一点一滴地积累，一步一步地前进，把摆在眼前的一个又一个问题解决掉，时间就这样慢慢度过。

每天重复同样的工作，何时能够成为世界第一流的公司呢？在梦想与现实的巨大落差中，这个问题时刻提醒着稻盛。但人生只能是"每天"的积累与"此刻"的延续。

即使你的目标是功利的、短视的，但如果不过完今天的话，明日就不会到来。走向心中向往的目的地是没有捷径可以走的。常言道"千里之行，始于足下"。无论多么伟大的理想都是靠一步步、经过一天天积累，才得以实现的。从平凡蜕变成非凡，就是要靠每一步的积累和每一天的努力。

想要获得伟大成就，就要爱上自己的工作

一个人的心态改变了，自然就会改变做事的方式。只要喜欢了，就能不辞辛劳，不把困难当困难，一心一意埋头工作，自然就能获得力量。

工作是一个人生命的重要历程，是上天赋予每个人的使命，是人类幸福和欢乐的源泉，它和所有有价值的事情一样，值得我们用一颗真诚的心去对待。只有敬畏自己的工作，热爱自己的工作，才会觉得自己的工作具有神圣感和使命感，才能真正理解生命的意义，才能获得伟大的成就。

　　诚然，一开始就被命运眷顾，碰到合适而且自己又喜欢的工作的人是存在的，但是，大多数人没有这种运气。只能从"自己不喜欢的工作"开始。人面对自己不喜欢的工作，最初的心理状态莫过于勉强接受、抵触、排斥、满腹牢骚，没有激情和热情，更不能全身心地投入，自然也谈不上充实、开心，不会有什么作为。本来憧憬的前程似锦的人生只能变成空谈。

　　稻盛和夫认为，一个人的心态改变了，自然就会改变做事的方式。只要喜欢了，就能不辞辛劳，不把困难当困难，一心一意埋头工作，自然就能获得力量。有了力量，就一定能做出成果。有了成果，就能获得大家的好评。获得好评，就会更加喜欢工作，这就是一个良性循环的开始。

　　人在面对不得不做的事情的时候，以一种应付的心态去做，是毁灭；而在不得不做的时候能够做好，那就可以被称作勇敢了。在这个竞争激烈的社会，人们没有太多选择的机会，当面对一份不喜欢但又不得不做的工作时，必须学会热爱它，才能使自己获得真正的解脱，才能一步步靠近自己的目标。

　　美国独立企业联盟主席杰克·法里斯，13岁时开始到他父亲的加油站里帮工。法里斯想学车，但是他父亲却让他在前台接待顾客。

每当车子开进来时，法里斯必须在车子停稳之前就站到车的跟前，去检查油量、蓄电池、传送带、水箱。法里斯同时注意到，如果他干得很好，顾客还会再来。法里斯就总是设法多干一些，帮助顾客擦去车身、挡风玻璃和车里的污渍。

法里斯干了一段时间，但总是重复同样的工作，他开始变得不耐烦，于是向父亲说出了自己的想法。

父亲告诉他："孩子，记住，这是你的工作，只要真心热爱你的工作，你就不会有稀奇古怪的想法了。"

法里斯受到了触动。他后来说道，正是加油站的工作使他学会了如何对待自己的工作，这些观念对他以后的职业生涯都起到了非常重要的作用。

这个故事印证了苏格兰哲学家所说的一个道理：有事做的人是幸运的……当一个人的精神倾注于某项工作时，他的身心会形成一种真正的和谐，不管是多么卑微的劳动。

大多数情况下，我们必须积极培养对工作的兴趣，积极、敬业，才会从工作中得到愉悦，也才能把工作做得有声有色，从而在激烈的竞争中脱颖而出。

有个心理学家进行了一项有趣的试验：将试验人群分成三组，比试完成一份极为枯燥乏味的工作。工作做完后，第一组要认真地向其他人说这项工作多么有趣。后来通过测试，发现第一组的人要比其余两组都更喜欢这项工作。

从这个试验中，可以看到，虽然工作枯燥，却还要向别人说它多么有趣，慢慢地自己都真的认为这项工作很有趣了。最后可得到这样的启示：当一个人处于不喜欢的工作中时，要努力去接受它，试着去爱它，终有一天，你真的会爱上这份工作。

美国的石油大王洛克菲勒曾经说过："天堂与地狱比邻"——"如果你视工作为一种乐趣，人生就是天堂；如果你视工作为一种义务，人生就是地狱"。

人就是这样，对于自己喜欢的事情，再辛苦也无怨言，也能忍受。而只要忍受艰苦、不懈努力，任何事情都能成功。稻盛和夫总结说，仅仅喜欢工作这一条，就能决定一个人的一生。

重新认识劳动与勤勉的价值

单纯把劳动视为一种获取生活所需的物质手段，是一种错误。劳动中蕴藏了磨炼心智和培养人格的重大意义，劳动是人类借以提升心性，实行精进的场所。

高尔基说过，世界上最美好的东西都是由劳动，由人聪明的双手创造出来的。只有人的劳动是神圣的。歌德也说过：劳动可以使我们摆脱三大灾祸——恶习、寂寞和贫困。

大部分人是把劳动作为生存的必须行为，但事实上，在物质日益丰富，人们在得到满足之后的劳动，已经超出了它最初的含义。

稻盛和夫认为，每个人或多或少地都有着过上不劳而获的安逸生活的欲望，这种想法的本质就是蔑视劳动，忽视了工作是生命的重要历程。劳动是生活的重要组成部分，高尚的劳动应是值得人们信仰的，也是人生的目的。只有辛勤地工作,才能证明人生的价值。

稻盛和夫说,劳动的目的不应仅止于取得粮食,免于饥饿,也是为了磨炼人的心智。如果每个人都能勤奋努力,就能够培养出美好的心智,让人类变得更完美。勤奋的劳动可以锻炼头脑,培养心智,这也是达到开悟之前的必经过程。总之,勤劳工作的人不但能够得到足够温饱的生活,也可以抑制多余的欲望,并磨炼进化自己的头脑和心灵。

而勤奋是保持高效率的前提,只有勤勤恳恳、扎扎实实地工作,才能把自己的才能和潜力全部发挥出来,在短时间内创造出更多的价值。一个缺乏勤奋精神的人,只能观望他人在事业上不断取得成就,而自己却只能在懒惰中消耗生命,甚至因为工作效率低下而失去了谋生之本。

日本"保险行销之神"原一平,身材瘦小,相貌平平,这些足以影响他在客户心目中的形象,所以他起初的推销业绩并不理想。原一平后来想,既然我比别人存在一些劣势,那只有靠勤奋一一弥补它们。为了实现力争第一的梦想,原一平全力以赴地工作。早晨5点钟睁开眼后,立刻开始一天的活动;6点半钟往客户家中打电话,最后确定访问时间;7点钟吃早饭,与妻子商谈工作;8点钟到公司去上班;9点钟出去行销;下午6点钟下班回家;晚上8点钟开始读书、反省,安排新方案;11点钟准时就寝。这就是他一天的生活,从早到晚一刻不闲地工作,把该做的事及时做完。他最后也因此摘取了日本保险史上"销售之王"的桂冠。

命运掌握在勤勤恳恳工作的人手里,所谓成功正是这些人的智慧和勤劳的结果。即使他的智力比别人稍微差一些,但他的实干也会在日积月累中弥补这个弱势。

劳动丰富了人们的生活。在劳动的环境中，人们实现了彼此之间的交流，从劳动的成果上，得到了更大的满足，比如受到重视、尊重、赞许所带来的心情满足。而现在的年轻人时常会觉得空虚，实际上就是没有真正领悟劳动的意义。"劳则思，逸生淫"，说的就是劳动会迫使我们思考，学习有利于社会的发展、进步，而求安逸的结果就是社会淫乱产生的重要原因之一，另有一句话——"饱暖思淫欲"，说的也是同样的道理。

纽约市市长布隆伯格在纽约市立大学2007年毕业典礼上送给毕业生的"金玉良言"是："成功的秘诀其实很简单，就是，你要比别人付出更多去打拼。如果你比办公室里所有同事都早到，都晚退，而且一年三百六十五天没请过一天病假——你就一定会成功！"他说自己的父亲就是典范："我（布隆伯格）父亲就是这样，他从早干到晚，一周七天，一辈子从不休息，干到最后一刻，然后跑到医院挂号，就地死亡。"

看到这个故事，可以看到一些成功人士对勤勉的认识，同时感受到只有勤奋的劳动才能使人生的价值得以实现。

要想成为优秀员工，首先就要比别人付出更多，一个人获得的任何东西都是他事先付出的回报。在付出时越是慷慨，得到的回报就越丰厚，这是公平的游戏规则。身为公司的一员，只有舍得多下功夫，比别人付出更多的辛苦劳动，为自己所在的企业或部门做出成绩。只有出大成绩，才能得到上司的嘉奖和赞扬，才能得到更多的提升机会，才能更进一步实现自己的梦想。

工作就是自己，自己就是工作

工作不仅仅是为了使我们的家庭得到温饱，工作使我们的内心有充实感和满足感，能够提高我们的心智。全身心投入当前自己该做的事情中去，聚精会神，精益求精。

一个人如果没有工作，等于行尸走肉，没有精神，没有灵魂；一旦有了工作，才能发挥生命的潜力，表现出生命的价值，所以说有工作才有生命。

工作对于任何一个生存着的人来说都是至关重要的。但是，每个人对工作的态度不尽相同。将工作与自身融为一体，也就是说，连同身心一起，全部投入工作、热衷于工作，达到与工作"共生死"的程度。只有如此深沉的挚爱之情，才能抓住工作的要领。

而人生态度决定一个人一生的成就。你的工作，就是你的生命的投影。它的美与丑、可爱与可憎，全操纵于你之手。一个天性乐观，对工作充满热忱的人，无论他眼下是挖土方，或者是在经营着一家大公司，都会认为自己的工作是一项神圣的天职，并有着深切的兴趣。对工作充满热忱的人，不论遇到多少艰难险阻，都会像希尔顿一样：哪怕是洗一辈子马桶，也要做个最优秀的洗马桶的人。

1992年，联想听说中国工商银行总行要在厦门召开一个微机购买会。为了拿下这个订单，没有会议邀请函的香港联想副总经理周晓兰二话没说扛着机器就赶往厦门。

没有邀请函，进不了会场怎么办？她急中生智，就在大门口跟人家介绍起了联想。为了争取到进入会场的机会，周晓兰耐心地等到晚上10点多钟，直到管这件事的李主任开完会。看到她为了自己的公司如此敬业，李主任破格同意周晓兰作为一个列席代表参加会议。

第二天一进会场，周晓兰看到中间坐了好多40岁左右的人，她估计都是工商总行的或者分行的。她说："当时我感觉特别兴奋。会议一开始，'长城''浪潮'、计算机二厂就先后作了产品介绍，我听后觉得联想的产品很有特点。当时心里想'无论如何也要抓住这个机会'，于是等上面的人刚说完，我就冲上台前，也顾不得什么列席不列席了就开始自报家门：我叫周晓兰，我不是打排球那个周晓兰，她没来。下面的人笑了，这时我也定了定神，感到自己满腔豪情。"

就这样，周晓兰先从联想的名字讲起，简短介绍了他们这批知识分子在改革开放以后，怀着很想为国家做一点事情的心理开始了艰苦创业的历程。周晓兰绘声绘色地讲述着联想怎样用自己的上马去比海外的中马、下马。当她告诉大家联想产品已经打入国际市场时，台下立刻响起一片热烈的掌声。就这样，周晓兰硬是用这种凶猛夺食的"狼族精神"为联想拿下了工商银行这个大客户。

周晓兰说："那时，当我们去做市场时，为了把产品卖给用户，不仅介绍产品，更要注意介绍我们的公司，介绍我们的服务，介绍我们的联想文化。我觉得，现在做市场，更应该让用户信任我们，信任我们的团队，信任我们的公司。"

在当时那个时代，联想还位居"长城""浪潮"之后，但周晓兰用知识与智慧让联想赢得了工商银行的信赖。没有邀请函，她就在门口说；

没有打过交道，她就一点点地介绍……正是这种全力以赴的心态让联想最终赢得了胜利。百年基业，文化为根。而支撑这种文化的却是无数个像周晓兰一样的"狼人"。

爱尔伯特·马德说："一个人，如果他不仅能够出色地完成自己的工作，而且还能够借助于极大的热情、耐心和毅力，将自己的个性融入工作中，令自己的工作变得独具特色，独一无二，与众不同，带有强烈的个人色彩并令人难以忘怀，那么这个人就是一个真正的艺术家。而这一点，可以用于人类为之努力的每一个领域：经营旅馆、银行或工厂，写作、演讲、做模特或者绘画。将自己的个性融入工作之中，这是具有决定性意义的一步，是一个人打开天才的名册，将要名垂青史的最后三秒钟。"

极其出色地完成自己的工作，能否真的让一个人成为艺术家或者天才，这个问题暂且不论，但是有一点却是千真万确的：一个人尽己所能、精益求精地完成自己的工作，这种觉悟所带来的内心的满足感是无与伦比的。

有这样一则小故事，说明了工作其实与人是分不开的，只有将工作真正融入自己生命中的人，才可能体会这种态度带来的成功的喜悦。

曾获得诺贝尔经济学奖的布堪纳特别迷恋美式足球（即橄榄球），是一位铁杆球迷，他从不错过每年1月间的季后赛。原本一场60分钟的比赛，少不了犯规、换场、中场休息、伤停补时、教练叫停等。

这样要耗费很多时间。花这么长的时间在电视机前看比赛，布堪纳感到很浪费时间，甚至产生了罪恶感。然而，球赛又不能不看，为了在心理上找到平衡，他决定给自己找点事干。他记得曾经从后院捡了两大桶核桃,于是就把这些核桃搬到客厅里,一边看电视,一边敲核桃,这样就能心安理得一些。

布堪纳边看球边敲核桃,还在不停地思考:为什么自己长时间坐在电视机前会有罪恶感?为什么自己这么一会儿没工作就心里觉得不踏实?布堪纳在不断地敲核桃的过程中悟出一个道理:社会赞许工作,工作不仅对个人有好处,对其他人也有好处。如果一个人饱食终日,无所事事,那么除了他自己会怅然若失以外,别人也无法享受到他带来的乐趣和感受到他的价值。

稻盛和夫曾说,工作不仅仅是为了使我们的家庭得到温饱,工作使我们的内心有充实和满足感,能够提高我们的心智。全身心投入当前自己该做的事情中去,聚精会神,精益求精。这样做就是在耕耘自己的心田,可以造就自己深沉厚重的人格。

凡是功成名遂的人毫无例外地,都是不懈努力,历尽艰辛,埋头于自己的事业,才取得了巨大成功。

稻盛和夫自己的真实经历告诉我们什么才应该是对待工作的态度。

稻盛和夫后来回忆说:"我在炉窑附近温度适当处躺下,把水管小心翼翼地抱在胸前,整个通宵我将水管慢慢转动,用这种干燥方法防止水管变形。"不管时代怎么进步,干活时自己手上沾泥带油这种方式,虽已不再流行,但若缺乏"抱着自己的产品一起睡"那样的对工作之爱,在工作中,就无法从心底品尝到那种成功的欣慰,特别是在向新的、艰难的课题发起挑战并战胜它们时。

图书在版编目（CIP）数据

稻盛和夫给年轻人的忠告 / 德群编著 . — 长春：吉林文史出版社，2019.1（2023.7重印）
 ISBN 978-7-5472-3871-4

Ⅰ . ①稻… Ⅱ . ①德… Ⅲ . ①成功心理—青年读物 Ⅳ . ① B848.4-49

中国版本图书馆 CIP 数据核字 (2018) 第 277572 号

稻盛和夫给年轻人的忠告
DAOSHENGHEFU GEI NIANQINGREN DE ZHONGGAO

编　　著	德　群
责任编辑	孙建军　董　芳
出版发行	吉林文史出版社有限责任公司（长春市福祉大路5788号出版集团A座）
	www.jlws.com.cn
印　　刷	三河市燕春印务有限公司
版　　次	2019年1月第1版　2023年7月第15次印刷
开　　本	145mm×210mm　1/32
印　　张	8印张
字　　数	200千字
书　　号	ISBN 978-7-5472-3871-4
定　　价	38.00元